Ontdekkingen van het eerste uur

GROOTSE ONTDEKKINGEN – BAANBREKENDE UITVINDINGEN

Ontdekkingen van het eerste uur

700 000 – 1200 v.C.

UITGEVERSMAATSCHAPPIJ THE READER'S DIGEST BV
AMSTERDAM • BRUSSEL

De serie *Grootse ontdekkingen – baanbrekende uitvindingen* is ontwikkeld en geproduceerd door Reader's Digest en is gebaseerd op de serie *L'épopée des découvertes et des inventions*.

Ontdekkingen van het eerste uur maakt deel uit van de serie *Grootse ontdekkingen – baanbrekende uitvindingen* en is gebaseerd op *Les premières inventions*, uitgegeven door Reader's Digest, Frankrijk, en *The First Inventions*, uitgegeven door Reader's Digest, Groot-Brittannië.

Medewerkers oorspronkelijke uitgave
Teksten: Pierre Chavot, Jean Delaite, Sylvie Deraime, Antonin Eddi, Corinne Hernandez, Marie-Dominique Jacomy, Gérald Messadié, Patrice Milleron, Fabrice Nicot, Jean-Baptiste Rendu, Anne Vantal, Catherine Zerdoun

Redactie
BOOKMAKER

Ontwerp
Colman Cohen

Illustraties
Jean-Benoît Héron

Cartografie
Sylvie Guerraz

Iconografie
Valérie Delchambre

Medewerkers Nederlandstalige uitgave

Redactie Reader's Digest
Lidy Nooij, hoofdredacteur
Anouk Ernst-Endert, projectredacteur

Vertaling
Ron ter Borg

Redactie
Rob Bartels
LINE UP boek en media bv, Groningen:
Else van Keulen

Grafische productie en omslag
LINE UP boek en media bv, Groningen:
Bert Holtkamp

Druk- en bindwerk
Leo Paper, China

Illustraties omslag voorzijde
Grote foto: grond bewerken en zaaien in het oude Egypte, B-G
Inzet: gereedschap van steen, RMN/J-G Berizzi/Musée des Antiquitiés Nationales, Saint-Germain-en-Laye
Illustratie rug
De Venus van Willendorf, B-G/A. Meyer/Natuur Historisch Museum, Wenen
Illustratie omslag achterzijde
Gereedschap om vuur te maken in het oude Egypte, RMN/F. Raux/Het Louvre, Parijs

ISBN 978 90 6407 868 2
Wettelijk depot in België D-2009-0621-75
NUR 680

Printed in China

Voorwoord

Hoe zou ons leven er vandaag de dag uitzien zonder werktuig of aardewerk? Hoe zou het eruitzien zonder de ontdekking en beheersing van het vuur, waarmee de *Homo erectus* een cruciale stap in zijn evolutie zette? Of zonder uitvinding van zeep, glas of de naainaald? En zonder het van oudsher bekende erfgoed als de boot (8000 v.C.), asfalt (7000 v.C.), het schrift (3200 v.C.) en de kalender (2800 v.C.)? En wat te denken van het wiel, uitgevonden in 3500 v.C., werd gemonteerd op een frame en zo werd in de loop der tijd niet alleen de strijdwagen ontwikkeld, maar bijvoorbeeld ook de lastwagen. Ook was het wiel de drijvende kracht achter andere technologische vernieuwingen zoals het tandrad, uitgevonden in China. Zo heeft ieder tijdperk met zijn ontdekkingen en uitvindingen een steentje bijgedragen aan de gestage vormgeving van de wereld.

Aan de hand van een uitputtende beschrijving van uitvindingen die kenmerkend zijn voor een bepaalde periode, schetsen we in chronologisch geordende delen de ontwikkeling van de mensheid en de verschillende maatschappijvormen, en bewijzen we eer aan het technisch vernuft van de mens. Deze verzameling van ruim zeshonderd kleine en grote uitvindingen en ontdekkingen die ons leven veranderd hebben, en die allemaal helder beschreven worden in een duidelijk leesbare pagina-indeling, is uniek in zijn soort.

Na lezing van elk deel zult u onder de indruk zijn van de vele uitvindingen die elkaar opvolgen en aanvullen. U zult ontroerd worden door de lotgevallen van het in zijn tijd onbegrepen genie, en zich vermaken met de ruzies om wie het eerst een bepaalde ontdekking deed. Maar bovenal zult u in dit meeslepende verhaal voldoende aanknopingspunten vinden om de ontwikkeling van de vooruitgang te volgen en te begrijpen.

De uitgever

Inhoud

Vuistbijl. Door de mens bewerkte steen (2 miljoen jaar geleden) om mee te snijden, ontschorsen, schrapen en slijpen. ►

▲ Hier worden scherven van een vuursteen afgeslagen. Terwijl de een werkt, kijken de anderen toe om het vak te leren.

▲ Lamp van roze zandsteen (20 000 v.C.) uit Les Eyzies (Frankrijk).

De eerste mens in wording leeft te midden van een uitbundige, vaak vijandige natuur; hij is nog de gevangene van alles wat hem omringt en grote beperkingen oplegt. Voor hem is de wereld niet veel grote dan de directe omgeving van de grot waarin hij zijn toevlucht heeft gezocht

◄ Brandende fakkel om zich bij te lichten in donkere grotten (ongeveer 50 000 v.C.).

◄ Harpoenen voor grof wild met weerhaken van rendiergewei, uit de late steentijd.

▲ Naainaalden van been en hertengewei (18 000 jaar oud).

▲ Jacht- of oorlogstafereel? Deze boogschutter op een grotschildering uit Tassili (Algerije) dateert van 12 000 jaar

Vanuit het niets opgestaan, met bijna niets, zie je hem gaan, rechtop: *Homo erectus*. Weldra ontwaakt hij op wonderbaarlijke wijze als *Homo sapiens*. Met de voortschrijdende ontplooiing van zijn menselijkheid zie je ook zijn vaardigheid groeien. Met de ontwikkeling en de vooruitgang van

Staf van rendiergewei met snijwerk (14 000 v.C.). ►

▲ Deze man uit de late steentijd maakt gebruik van een aandrijfhout om prooien op een grotere afstand te bereiken.

▲ Maquette van een Egyptische graansilo uit 2000 v.C.

zijn vaardigheden staan we aan het begin van een geweldige geschiede-nis. Rechtop en vaardig doemt de mens op uit de nacht der tijden om te groeien in de dageraad van de geschiedenis. In die begintijd is hij voort-durend op zijn hoede, maar geleidelijk aan gaat zijn onbehagen over in

▼ *Boeren uit hedendaags Egypte verrichten nog altijd hetzelfde eeuwenoude handwerk.*

▲ *Kolossaal hoofd in roze graniet van Amenhotep III (18e dynastie).*

◄ *Model van een Egyptische boot voor de riviervaart (rond 1500 v.C.).*

ieuwsgierigheid. Hij luistert en observeert, en spiedt naar alles wat hem kan beschermen. Hij is bang voor de wereld, voor wilde beesten en natuurverschijnselen, die hij geheimzinnige en verschrikkelijke krachten toedicht. Maar hij krijgt ook door dat de natuur niet alleen maar tégen hem

◀ Donau-aardewerk uit het neolithicum.

▲ Deze manier van weven, die rond 6000 v.C. in het Nabije Oosten werd uitgevonden, wordt nog altijd toegepast in Zuid-Amerika.

◀ Jomonaardewerk uit Japan (1000 v.C.).

is; hij leert haar te beheersen en gebruiken. Een simpele steen wordt een wapen of een stuk gereedschap in zijn handen, waarmee een scala aan mogelijkheden wordt blootgelegd. Eerst is er de handeling die van een ke iets maakt om mee te stoten of te snijden en, veel later, een vonk laa

Maquette van een timmerwerkplaats. Beschilderd hout, Thebe (Dal der Koningen, 11e dynastie). ▼

◄ Assyrisch wiel (1000 v.C.).

Mexicaanse trommelaar (100 v.C.). ►

◄ Deksel van een van de canopen uit de graftombe van Toetanchamon. Albast, 18e dynastie.

pringen van twee op elkaar ketsende vuurstenen. Wat een stap voorvaarts wanneer hij een plukje droog gras laat ontbranden! Een uitvining? Nee, veel eerder een ontdekking waarvan niemand ooit zal weten f het een gift van de goden was, de vrucht van een gelukkig toeval of het

Schrijvers noteren de opbrengst van de graanoogst. Muurschildering in het graf van Mennah (Thebe, 18e dynastie). ▼

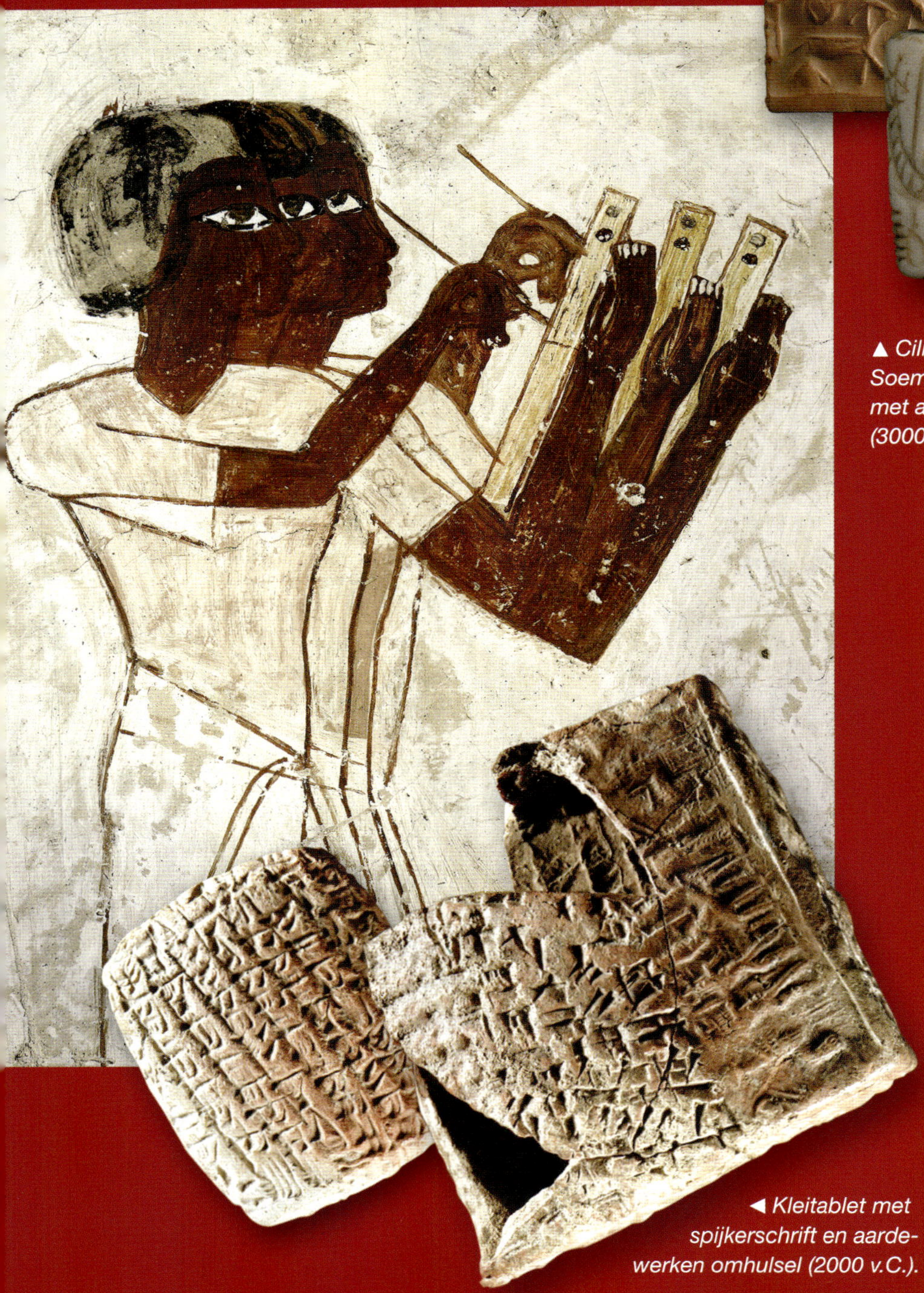

▲ Cilindervormig Soemerisch zegel met afdruk (3000 v.C.).

◄ Kleitablet met spijkerschrift en aardewerken omhulsel (2000 v.C.).

◄ Egyptische kruik. De Romeinen zouden hem 15 eeuwen later overnemen onder de naam amfora.

resultaat van een weldoordachte observatie. Maar wat een reuzenstap i dit vuur! En bovenal een geweldig middel om de menselijke mogelijkhe den mee uit te breiden! Met de beheersing van het werken met stee komt het idee bovendrijven dat denken tot nieuwe technieken kan leide

Harpspeler van het eiland Amorgos, een van de Cycladen (4300 v.C.). ►

▲ Grote ziggurat van Ur (3000 v.C.).

◄ Pottenbakkersschijf. Deze werd 3000 jaar voor onze jaartelling uitgevonden en wordt nog altijd gebruikt in India.

en dat wetenschap het dagelijks leven kan vergemakkelijken. De pijl-
unten, de stenen lampen die de grotschilderingen van Lascaux verlich-
en, de eerste benen voorwerpen en aardewerken potten zijn in feite meer
dan alleen maar primitieve uitvindingen; ze zijn het bewijs dat de mens zo'n

◄ Bronzen spiegel uit Egypte van 3500 jaar oud.

Egyptische ploeg op een muurschildering in de graftombe van Sennedjem (1885 v.C.). ▼

Mantiklos Apollo (Peloponnesos). Bronzen afgietsel volgens de cire perduetechniek. ►

▲ Oorlogstafe
uit de Trojaans
oorlog op de h
van een aarde
werken kruik
(Griekenland,
670 v.C.).

20 000 jaar voor onze jaartelling al kon leren, experimenteren, ontdekker en creëren. Zonder de werking van het menselijk denken zouden de eer ste metalen er niet geweest zijn om hun bijdrage te leveren aan de ont wikkeling van zijn kunnen. Dan zouden enkele duizenden jaren later de

◄ *Rijkversierd gewicht uit Ivoorkust.*

Flora of de Lente. *Romeins fresco uit Stabiae (Villa Arianna, Pompeji).* ▼

Houten weegschaal uit Egypte (18e dynastie). ▼

ındstreken van Mesopotamië en Egypte geen getuige geweest zijn van e geboorte van wat wij beschaving noemen. Wij zijn de erfgenamen van l die naamloze uitvinders, van Chinese en Scandinavische geleerden en ıet name die van het Midden-Oosten, bakermat van wetenschap en

▼ De 4600 jaar oude piramiden van Gizeh.

De verschrikkelijke demon Pazuzu, di volgens de Assyrie allerlei ziekten kon overdragen. ►

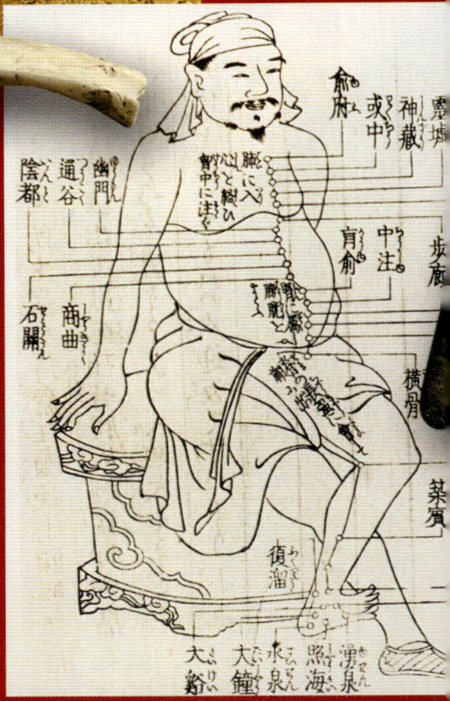

▲ Soemerische lepel in de vorm van een schelp (2500 v.C.).

◄ Altaarbeeld van Imhotep, Egyptisch bouwmeester van de piramide van Sakkara (2650 v.C.).

Kaart met acupunctuurpunten en aanwijzingen. ►

cultuur. Want daar werden oorlog en liefdesspel, wapens, parfums en sie raden 'uitgevonden', die verrassend paradoxale uitingen van menselijk geestesrijkdom. Daar werd het eerbetoon aan de goden voor het eerst o schrift gesteld. Nu eens het onderspit delvend waardoor de uitdaging a

Met festoenen versierd flesje van Egyptisch glas. ▶

▲ Egyptische muurschildering in de graftombe van vizier Rekhmere, 18e dynastie. Bouwvakkers slepen een groot bouwblok voort op een soort slee (Koningsgraven, Luxor).

een maar groter wordt, dan weer zegevierend maar voortdurend waakzaam gaat de menselijke geest bij zichzelf te rade in zijn zoektocht. Hij schrijft – zonder te weten ook voor ons – de eerste hoofdstukken van die mmense geschiedenis van zijn uitvindingen.

Het grote verhaal van de uitvindingen

In de chronologisch geordende, levendige beschrijvingen in dit eerste deel komen de vroegste uitvindingen aan bod. De belangrijkste uitvindingen – in de kaders – en de relatief minder belangrijke die echter wel ons dagelijks leven hebben veranderd – in de gekleurde kaders – wedijveren met elkaar in vindingrijkheid. Op de bladzijden met een donkere kleur komen neventhema's aan de orde, zoals de kunst, de oorlog of de stad. Aan de hand van aangrijpende ontdekkingen worden we weer herinnerd aan de herkomst van veel van onze gereedschappen en vaardigheden.

De vuistbijl (ongeveer 700 000 v.C.)

Het stenen werktuig

Twee miljoen jaar geleden werd in Afrika het stenen snijwerktuig geboren. De eerste ambachtsman ter wereld die een steen bewust bewerkte om hem scherp te maken, leidde zijn stamgenoten over de drempel van de prehistorie.

De vuistbijl, voorloper van het mes
Door de afgeronde onderkant ligt dit eerste door de mens gemaakte werktuig goed in de hand. Je kunt ermee snijden, ontschorsen, schrapen en aanspitsen. Dankzij de vuistbijl wordt de mens heer en meester van zijn omgeving.

Een ongewoon maar regelmatig geluid weerklinkt in de omgeving: dat van twee stenen die tegen elkaar worden geslagen. De eerste akte van de prehistorie begint zo'n 2 miljoen jaar geleden in de savanne van Oost-Afrika. Enkele mensen zitten op de hoge oevers van een meer of rivier. Ieder houdt in de linkerhand een rivierkei of een brok vuursteen ter grootte van een vuist, waarop hij slaat met een harde steen in zijn rechterhand. Met iedere slag vliegen er scherven vanaf. Na enkele minuten kan de steenhouwer het resultaat bewonderen: een vuistbijl die aan de ene kant rond is om hem goed vast te kunnen houden, en aan de andere kant vlijmscherp. Een handig werktuig, de eerste van meerdere varianten.

Geboorte van een vakmanschap

Door het repetitieve patroon van bewuste handelingen wordt de scheppende mens steeds minder afhankelijk van toevalstreffers. Voortaan is het maken van scherpe scherven een koud kunstje. Hiermee kan hij de aarde van wortels schrapen, de huid van dieren afsnijden en andere werktuigen maken van hout of been.

Met die scherf is alles begonnen. Iemand raapte een steen op om een noot te openen of een knaagdier te doden; soms, na te veel slaan, brak er een scherf van de steen. Daar maakte hij dan dankbaar gebruik van, maar liet het daar verder bij als hij ermee klaar was, net zoals sommige dieren die gereedschap gebruiken tegenwoordig nog doen.

Dat was dus de grote ommekeer: op een dag vatte een prehistorisch wezen het idee op iets te reproduceren dat soms bij toeval gebeurde. Door bewuste oefening en projectie van het denken in de toekomst werd een handeling geboren, en daarmee een werktuig waar iedereen zich van kon bedienen.

Een menselijke schepping?

Wie was deze visionair, deze schepper? Voor de paleo-antropologen gaat het wel degelijk om een mens, een uitverkorene onder de hominiden, want deze culturele sprong moest wel overeenkomen met een stap voorwaarts in de evolutie van de soorten.

In de Olduvaikloof in Tanzania deed het echtpaar Leakey opgravingen naar deze eerste handwerksman. In 1935 vond de Engelsman Louis Leakey werktuigen in een ruim 2 miljoen jaar oude aardlaag. Hij beschreef deze eerste beschaving van de vroege steentijd, de Olduvaibeschaving, aan de hand van die bijlen en *chopping tools* (bewerkte keien, steenscherven).

Het was Mary die op de morgen van 17 juli 1959 de zo lang gezochte schedel blootlegde. Helaas! Die was van een *Australopithecus robustus*, dus meer dierlijk dan menselijk.

Hoe had het idee van een snijwerktuig post kunnen vatten in het brein van dit primitieve wezen dat bekendstond als een schuwe vegetariër? De logische loop van de evolutie leek zich enkele jaren later te herstellen met de vondst van andere, dit keer wel degelijk menselijke resten in Olduvai. In 1964 presenteerde Louis Leakey de wetenschappelijke wereld zijn *Homo habilis*. Hij bezat hersenen die groot genoeg waren (ruim 600 cm^3) om de naam menselijk te mogen dragen, een kauwapparaat, het gebit van een vleesliefhebber en een hand met

De moeilijke geboorte van het begrip prehistorie

Bliksemstenen, dat was lange tijd de naam voor die rare keien die in de grond gevonden werden en bewerkt leken door een of andere onbekende kracht. Hoe waren de Europeanen van toen erachter gekomen dat die stenen niet gevormd waren door blikseminslag, maar met de hand bewerkt door mensen uit de vroege oudheid? Voor hen was de aarde niet zo oud; de IJslandse bisschop John Usher had haar ouderdom zelfs met kennis van zaken berekend: 4004 jaar voor onze jaartelling. In 1723 stelt Antoine de Jussieu, geneesheer en docent aan de Jardin des Plantes te Parijs (toen de tuin van koning Lodewijk XIV), vast dat deze stenen erg veel leken op de werktuigen en wapens van de Amerikaanse 'wilden'. In 1800 publiceert de Engelsman John Frere een wetenschappelijk werk waarin hij de ontdekking van vuistbijlen beschrijft met vondsten van resten van gedode dieren. Er werd niets mee gedaan: alleen al het idee van een prehistorie leek absurd, ja zelfs idioot.

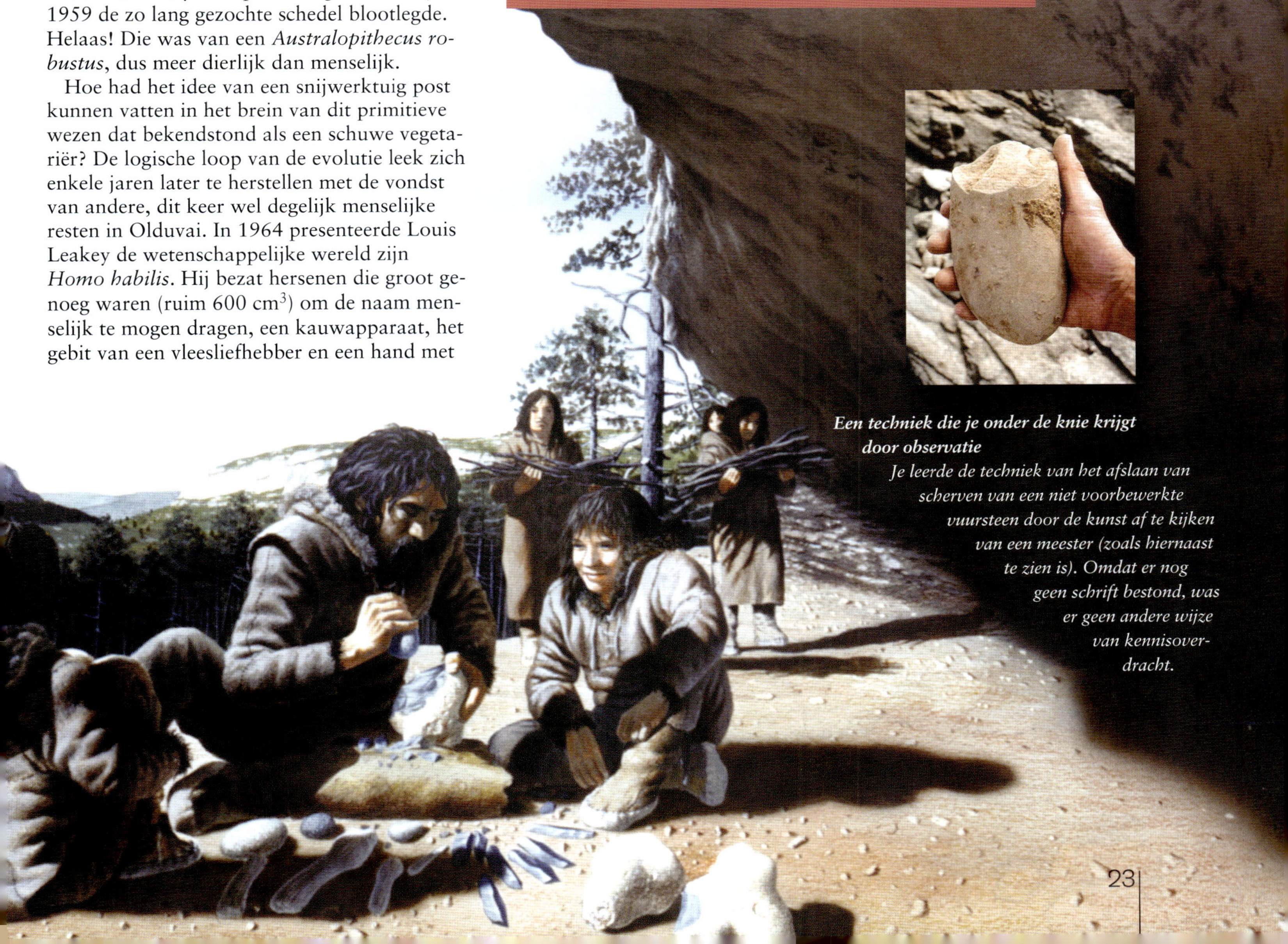

Een techniek die je onder de knie krijgt door observatie
Je leerde de techniek van het afslaan van scherven van een niet voorbewerkte vuursteen door de kunst af te kijken van een meester (zoals hiernaast te zien is). Omdat er nog geen schrift bestond, was er geen andere wijze van kennisoverdracht.

***De uitrusting van* Homo erectus**
Vuurstenen werktuigen waren er snel in allerlei soorten en maten: hakkers, schrapers, messen en spitsen (zie hierboven).
Hieronder ziet u een moderne reconstructie van een paleolithische bijl, met de afgeslagen scherven.

een beweeglijker duim. Deze hand bezorgde hem terecht de naam *habilis*; alle *chopping tools* van de Olduvaibeschaving werden dan ook aan deze eerste mens toegeschreven.

De mensheid bedankt de onbekende uitvinder

Er verschijnen scheuren in dit mooie bouwwerk naarmate steeds meer zekerheden op losse schroeven komen te staan. Tegenwoordig weten we dat er in dit overgangstijdperk verschillende mensensoorten samenleefden op de Afrikaanse savanne: *Homo habilis* en zijn verwant van het Rudolfmeer, *Homo rudolfensis*, maar ook de laatste australopitheken, *Australopithecus robustus*, en de ontdekking van Mary Leakey met de mooie wetenschappelijke naam *Paranthropus boisei*, de mensachtige van Boisei. Deze vier mensensoorten maakten allemaal gebruik van vuistbijlen.

Misschien is de vuistbijl niet door mensen uitgevonden, maar dat neemt niet weg dat dit werktuig hun leven en lot danig heeft veranderd. Bewapend met een vuistbijl kunnen ze meer profiteren van de hulpbronnen in een natuurlijke omgeving. Vlees neemt een steeds belangrijker plaats in in hun voedingspatroon, waardoor hun lichaam zich beter kan ontwikkelen. Ze hebben nog geen wapens voor de jacht op groot wild, maar kunnen daarentegen sneller hun deel van een kadaver opeisen dan de andere 'lijkenpikkers'. Ze ervaren daardoor zowel de doelmatigheid van werktuigen als het belang van samenwerking.

De vuistbijlbeschaving

Met de intrede van de vuistbijl zag een ander maatschappijtype het levenslicht. De mens zegt het leven in de bomen definitief vaarwel en gaat zijn onderkomen bouwen in het open veld. Hij gaat eropuit om de wereld te veroveren.

Er is niet alleen sprake van een natuurlijke evolutie, maar ook van een culturele. Zijn intellectuele vermogens nemen toe, taal begint zich te vormen, en dat alles terwijl hij zijn werktuigen en woningen verbetert.

In de tweede akte verschijnen zo'n miljoen jaar geleden de eerste 'echte' mensen op het toneel: *Homo ergaster* en *Homo erectus*, die de schoonheid van de symmetrie en de doelmatigheid van de tweesnijdende vuistbijl ontdekken. Deze eerste ontdekkingsreizigers verlaten hun Afrikaanse bakermat en verspreiden zich over het Midden-Oosten, Europa en Azië. De vuistbijl doet ongeveer 700 000 jaar geleden zijn intrede in Europa. Hij is het kenmerk van de tweede paleolithische beschaving, het acheulien, naar de Franse vindplaats Saint-Acheul. De mensen uit het acheulien bezitten verscheidene werktuigen; behalve vuistbijlen met twee snijkanten hanteren ze ook een soort bijl waarvan de snijkant loodrecht op de as staat, schraapstenen en 'kartelmessen', dat wil zeggen steenscherven met een zaagrand. Ze maken ook scherpere werktuigen, doordat ze doorkrijgen hoe ze kleinere scherven van de steen kunnen afslaan met zachter slagmateriaal, zoals bot, hoorn en hout. Met behulp van houten spiesen en valkuilen overmeesteren ze grote grazers, die ze met hun messen villen en in stukken snijden, en de botten doorhakken met hun bijlen.
De botten worden dan in de grond vastgezet en met schoongeschraapte huiden overdekt om als tent dienst te doen.

Boucher de Perthes, een grondlegger van de prehistorische wetenschap

De honger naar kennis is op een gegeven moment sterker dan de gangbare opvattingen. In 1833 stelt de Britse geoloog Charles Lyell in zijn *Principles of Geology* de leeftijd van de aarde op ruim 240 miljoen jaar. Zestien jaar later verhaalt de Fransman Jacques Boucher de Perthes in zijn *Antiquités celtiques et antediluviennes* van zijn ontdekkingen van stenen werktuigen in de aanslibsels van de Somme nabij Abbéville. Deze amateurarcheoloog toont aan dat er sprake is geweest van twee opeenvolgende stadia van nijverheid, zoals blijkt uit twee lagen in de opgraving. In de jongste laag vinden we gepolijste stenen en in de oudste bewerkte vuurstenen, evenals fossielresten van mammoeten en dwergneushoorns. Onderzoek naar de ouderdom van de lagen geeft ook uitsluitsel over de ouderdom van de gevonden resten. Boucher de Perthes legt zo de grondslag voor de wetenschap van de prehistorie, het onderzoek naar de vroegste menselijke nijverheid. En daarmee vindt tevens zijn idee ingang van de prehistorische mens die deze werktuigen gemaakt heeft. Zijn ideeën slaan pas tien jaar later echt aan wanneer Lyell (die ook naar de Somme was gekomen) zich aan zijn zijde schaart. In hetzelfde jaar publiceert Charles Darwin zijn *Het ontstaan van soorten*, waarin hij zijn evolutietheorie ontvouwt. Het idee van een prehistorie begint aan te slaan.

Technische vooruitgang

De zoektocht naar betere werktuigen is niet meer te stoppen. Ongeveer 200 000 jaar geleden paste *Homo erectus* als eerste de Levalloistechniek toe: na zorgvuldige voorbewerking van een stuk steen werden daar meerdere scherven van afgeslagen met een vastgestelde vorm. Op die manier werd er veel bespaard op grondstof. Deze 'rationalisatie' van de productie – toen al! – veronderstelt niet alleen een inventieve geest, maar ook overdracht van kunde en kennis van meester op leerling.

Door het werktuig begint de mens de natuur te beheersen, maar daar staat tegenover dat hij zich tot werken veroordeelt. Een goede ambachtsman maakt in 2 tot 3 minuten een vuistbijl; maar het kost hem een paar uur om een van die prachtige blad- en kerfspitsen te vervaardigen die zo kenmerkend zijn voor het solutrien dat zo'n 20 000 jaar geleden in Europa opbloeide. Deze spitsen zijn echt het werk van specialisten.

Zijn naam is 1470
Deze Homo habilis *(afbeelding links), die gereconstrueerd is uit 150 fragmenten, heeft op de inventarislijst nummer 1470 gekregen. Hij werd in 1972 in Kenia ontdekt. Deze 1,8 miljoen jaar oude mens maakte al primitieve zagen (afbeelding boven) en geduchte wapens, zoals dit tweesnijdend jaden mes uit neolithisch China (afbeelding onder).*

Het vuur (rond 500 000 v.C.)

Het verhaal van het vuur

Zo'n 500 000 jaar geleden sloot *Homo erectus* een verbond met het vuur, waarna het deel ging uitmaken van zijn huishouding. Daarmee veranderde hij tevens zijn voedingspatroon, waarborgde hij zijn voortbestaan en zette hij een cruciale stap in zijn evolutie.

Het vuur van de hemel
De bliksem heeft een bos in lichterlaaie gezet. De mensen maken zich meester van brandende stukken hout en komen erachter dat wild dat door het vuur geroosterd is, beter smaakt...

De mens heeft het vuur niet uitgevonden. Vanaf het begin der tijden ziet hij zich met vuur geconfronteerd: dat van de hemel en de aarde. Vulkanen, bliksem, dwaallichten – het vuur jaagt hem net als de dieren angst aan. Maar in tegenstelling tot hen heeft de mens een vermoeden van de voordelen en mogelijkheden van het vuur. Hij overwint zijn angst en steelt het vuur van de hemel, temt het en neemt het in gebruik. Vervolgens vervaardigt hij gereedschap om vuur te maken en het te onderhouden. En hij vindt nieuwe toepassingen voor het vuur.

Naar de bronnen

Het is het jaar 12 000 v.C. We zijn in Europa, aan de oever van de Seine. Bij de ingang van een hut maakt een vrouw vuur. Met het schouderblad van een rendier schraapt ze over de bodem van de vuurplaats om as en restanten vuursteen en beenderen bij elkaar te vegen en op een hoop te gooien. Als ze klaar is met de schoonmaak, legt ze stenen in de verlaagde vuurplaats en met behulp van enkele gloeiende houtskooltjes van het vuur van gisteravond rakelt ze het vuur weer op met droog gras en sprokkelhout. De vlammen laaien weer op.

Dit huiselijke tafereel illustreert de uitkomst van een heel lang proces waarin we moeilijk de verschillende fasen kunnen onderscheiden. De oudste sporen van het gebruik van vuur voeren terug op *Homo ergaster* in Afrika, zo'n 1,4 miljoen jaar geleden. Bij opgravingen in Chesowonga (Kenia) zijn enkele gecalcineerde plakken aarde aangetroffen. En in Swartkrans (Zuid-Afrika) zijn verbrande beenderresten gevonden, maar niets wijst erop dat dit vuur bewust is aangestoken en niets geeft uitsluitsel over het gebruik. Recente opgravingen in Noord-Israël hebben 700 000 jaar oude sporen van menselijk vuurgebruik aan het licht gebracht, maar er is niet echt sprake van een vuurplaats.

De eerste vuurplaats die die naam mag dragen, was het werk van *Homo erectus* (500 000 v.C.). Deze sporen van menselijke activiteit bevinden zich op zeer uiteenlopende plaatsen, zoals Frankrijk, Hongarije en China. Hun inrichting op de vloer van de woning geeft kostbare aanwijzingen. Vuurplaatsresten, hout, botten en gecalcineerde stenen zijn duidelijke tekenen van opzettelijke verbranding. Analyses hebben uitgewezen dat een verbrandingstemperatuur van 600 °C goed overeenkomt met gecontroleerd vuurgebruik, en niet met een savannebrand, die slechts 200 °C haalt.

Geboorte van de vuurplaats

Vuur maken is één ding, vuur temmen een ander. De beslissende stap is het beheersen van het vuur: het aansteken en onderhouden naar eigen goeddunken, maar ook integreren in de eigen levenswijze. We weten niet welke techniek *Homo erectus* als eerste gebruikte bij het maken van vuur: met vuurstenen of door wrijving. Maar een vonk produceren en een licht ontvlambaar materiaal aansteken om daarmee een moeilijker brandbaar materiaal te doen ontvlammen vraagt om vindingrijkheid en een geest die vooruit kan denken. En dat heeft *Homo erectus* al op andere terreinen laten zien.

De nacht valt; *Homo erectus* gaat bij zijn vuur zitten. Daar voelt hij zich veilig, want hij weet dat roofdieren niet dichterbij durven komen. Bij de warmte en het licht van de vlammen is de tijd niet meer hetzelfde. De dag wordt langer; de stam leeft niet langer bij het ritme van het zonlicht. Bij het duurzame licht van de vuurplaats vat het idee bij hem post de eerste lampen te maken met gesmolten dierlijk of plantaardig vet. Wanneer heeft de mens doorgekregen dat de vlam ook dienst kan doen als draagbaar mobiel licht? De oudste lampen dateren van bijna 20 000 jaar geleden, maar de eerste harstoortsen waren er misschien al eerder, ook al hebben we daar geen sporen van gevonden.

Omdat *Homo erectus* gewend was aan het harde klimaat, zal hij het vuur niet in huis ge-

haald hebben met de voornaamste bedoeling om het lekker warm te hebben. Vuurplaatsen die ingericht waren voor de warmte komen we pas zo'n 35 000 jaar geleden tegen, aan het einde van het midden-paleolithicum. Maar misschien waren ze eigenlijk meer bestemd als kookplaats. Het vuur blijft de eerste energiebron die de mens heeft weten te exploiteren.

De uitvinding van het koken

Heeft de mens van gebraden vlees geproefd na een van die vele savannebranden? Of heeft hij toevallig een stukje rauw vlees laten vallen in het vuur of de hete as? We weten niets van de uitvinding van het koken, maar deze heeft het leven van de mens radicaal veranderd. Hij verpakt het voedsel in dierenhuiden en grote boombladeren en stooft ze zo gaar in

Het vuur van de mensen
We weten niet hoeveel eeuwen er zitten tussen het gebruik van vuur 'uit het wild' en de techniek van het vuur maken door wrijving, zoals we dat vandaag de dag nog zien bij sommige stammen in Botswana (afbeelding links) en op de Fiji-eilanden (afbeelding onder). Hiernaast zien we een Egyptische 'aansteker' van zo'n 2000 jaar voor onze jaartelling.

Hoe maak je vuur?

Vuur uit wrijving of vuur slaan uit stenen, het principe is hetzelfde: de wrijvingshitte of geslagen vonk doet een licht ontvlambare stof ontbranden, zoals hout- of tondelzwampoeder. Daarna wordt het vuur overgebracht naar de eigenlijke brandstof. Eigenlijk is alleen het begin verschillend. De wrijvingsmethode houdt in dat je twee stukken droog hout heel lang tegen elkaar aan wrijft om ze te verhitten. Bij de tweede methode wordt een vonk voortgebracht door een harde steen (kwarts of vuursteen) tegen een ijzerhoudend mineraal te ketsen, zoals malachiet of pyriet. In neolithische opgravingen komen we heel veel stukken vuursteen en pyriet tegen, soms met tondelzwam, zoals in Star Carr (Engeland). De simpele steen wordt mettertijd vervangen door een soort aansteker, bestaande uit een vuurstenen lemmet dat met hars gevat is in een houten handvat. Tegenwoordig maken Braziliaanse indianen nog steeds vuur door twee stukken hout tegen elkaar te wrijven. Maar bij ons hebben lucifer en zakaansteker de twee technieken naar een hoger plan gebracht en hebben we vuur in één simpel handgebaar.

Vuur, werktuig van de verovering

Vuur is een wapen tegen dieren. Je kunt je ermee verdedigen tegen ongewenste roofdieren en aaseters en ze op een afstand houden of op de vlucht jagen. Met het vuur breidt de mens zijn greep op de omringende wereld uit. Hij verovert nieuwe gebieden, zoals die in de koude gematigde klimaatzone. In de perioden tussen de ijstijden verplaatst hij zich naar Noord-Europa en Centraal-Azië. Met het vuur, en dus met betere verwarming en voeding, kan hij overleven tijdens klimatisch koude perioden.

Maar vuur is ook een wapen tegen de mensen. Sommige stammen bezitten het vuur, andere niet. Er wordt om gevochten, het is de inzet en het wapen. Met vuur kun je aanvallen en nieuwe gebieden veroveren. Brandende projectielen, vuurpijlen en vervolgens vuurwapens en explosieven brengen het vuur over de vijandelijke verdedigingslinies heen.

De brandende fakkel is een wapen bij de jacht op dieren.

Contrasten
Tegenwoordig wordt er nog wel gekookt op hete stenen, zoals in Indonesië (zie rechterbladzijde). Heel hoge temperaturen worden toegepast in de smeltovens van de geïndustrialiseerde wereld (afbeelding hieronder).

water of zelfs in stoom. Zulk eten is makkelijker te verteren en ligt niet zo zwaar op de maag. Onderzoek van skeletten van die tijd wijst uit dat het voedsel van dan af sneller in het lichaam wordt opgenomen. Doordat de mens beter eet, wordt hij sterker en beter bestand tegen ziekten. Met de beheersing van het vuur heeft hij een nieuwe stap gezet in de ontwikkeling van zijn fysiologie.

Maar het vuur stelt hem ook beperkingen. Hij moet het onderhouden, brandhout zoeken en het kookproces in de gaten houden; allemaal taken die een nieuwe rolverdeling met zich mee hebben gebracht. De vrouwen, die niet meedoen aan de jacht en de vervaardiging van werktuigen, worden naast hun gewone taken van vergaren en oogsten belast met het onderhoud van het vuur en de maaltijdbereiding. Het vergaren van brandhout wordt een taak op zich.

De kunst van het vuur

In de vuurplaats ondergaan de stenen een verandering: sommige splijten, andere versplinteren. Zo'n 500 000 jaar geleden begint de mens gebruik te maken van deze observatie door moeilijk te splijten grote stenen of hertengeweien door het vuur in kleinere stukken te laten breken. Hij stelt dan vast dat hij het materiaal zo ook kan verbeteren, bijvoorbeeld om de punt van houten spiesen te harden. Met zo'n sterker wapen kan hij gaan jagen op groot wild door het van een afstand te bestoken, waardoor hij niet hoeft te vrezen voor hoeven of horens. Later gaat hij ivoor en beenderen stoven om de vorm daarvan te wijzigen; bovendien maakt hij op die manier kromme stokken recht.

Vanaf het laat-paleolithicum (25 000 v.C.) hebben ambachtslieden de vuurtechniek zo goed onder de knie dat ze rode oker kunnen maken uit gele oker bij een temperatuur van 250 °C. Zo krijgen ze ook gekleurde poeders door aarde tot ruim 1000 °C te verhitten. In die tijd worden ook de eerste vuurstenen spitsen met gesmolten hars op een werpspies gemonteerd.

Het vuur speelt een heel belangrijke rol bij de opkomst van de eerste technische revolutie, het neolithicum. Met de beheersing van de temperatuur en de bouw van ovens wordt de ware kunst van het vuur geboren. De mens beheerst het vuur nu zodanig dat hij steeds hogere temperaturen bereikt. Daartoe kiest hij het hout zorgvuldig uit: wil hij warmte of licht? En als hij eens geen hout voorhanden heeft, neemt hij ander brandbaar materiaal, zoals botten en turf.

Met de eeuwen verfijnt de mens zijn handwerk van het vuur: tegenwoordig bereiken we temperaturen van wel 5000 °C. Daarmee veranderen we de structuur van de materie zelf, zodat die bijzondere eigenschappen krijgt die we goed kunnen gebruiken.

Steengrillen en gaarstomen

In het paleolithicum zijn braden en grillen op hete stenen de kooktechnieken die het eerst toegepast worden. Daarna komt koken in water in een zak van huiden. De mens heeft voor de pan materiaal gebruikt dat tegen vuur en warmte kan als het vochtig is, zoals boomschors, bamboe, huiden en de pens van herkauwers.
Hij gaat het voedsel ook stoven door het met hete stenen in grote bladeren te verpakken en op hete houtskool onder de laag as te leggen. Deze manier van koken, ook wel Polynesische oven genoemd, is nog altijd in zwang op Tahiti. Een variant, het gaarstomen, bestaat eruit dat er wat water bij het te koken voedsel in de zak of holle bamboe gedaan wordt. Dit water verdampt onmiddellijk als het in aanraking komt met de hete houtskool. De huidige manier van grillen en stomen met designkeukenspullen is slechts een aanpassing van de kooktechnieken uit de prehistorie. Alleen de middelen zijn in de loop der eeuwen veranderd. Aardappels in de schil koken in de magnetron is niets anders dan de moderne versie van aardappels stomen in bananenbladeren met water onder een laagje hete as.

Tijdloze eenvoud
Wat vet, een pit, en deze lamp van roze zandsteen zal een familie uit het laat-paleolithicum de hele nacht bijlichten (afbeelding hiernaast). Het principe is na die vijftien eeuwen nauwelijks veranderd; deze onderstaande olielampen zijn alleen van aardewerk.

De stenen lamp
(rond 20 000 v.C.)

De eerste stenen lampen zijn tijdgenoten van de muurschilderingen. Werden ze ontwikkeld om het werk van de eerste kunstenaars bij te lichten of om deze schilderwerken met hun magische dimensie blijvend te verlichten? Was dat in Lascaux of Les Eyzies? In het Verre Oosten of in het Hoge Noorden? Maar waarschijnlijk werd deze ontdekking op verschillende plaatsen tegelijk gedaan: een beetje olie, vet of hars kan branden in de holte van een steen. In de loop der tijd zal hij dit vuur perfectioneren met behulp van steeds nieuwe aanpassingen van de vorm van de holte: ietsje kleiner, een beetje groter of wat dieper. Hij vergroot of verkleint volgens zijn observaties. Dan neemt hij een platte ovale steen waarin hij in het midden een holte maakt voor de brandstof. En – toevalstreffer of vrucht van overpeinzing – hij merkt dat in vet gedrenkte gevlochten twijgjes die in de holte zijn geplaatst een bijna regelmatige vlam voortbrengen. Hij heeft de lont en daarmee de eerste lamp ontdekt.

Tegen het einde van de 19e eeuw heeft men in de grot van Mouthe (Les Eyzies, Frankrijk, 1895) een groot aantal lampen van zandsteen, kalksteen en soms lavasteen gevonden. De meeste zijn stenen met een natuurlijke holte; er zijn er maar een paar die door de mens zijn uitgehold. Een van de mooiste voorbeelden van deze laatste komt uit de grot van Lascaux. In 1940 zijn twee exemplaren daarvan in een diepe schacht gevonden. Een is bewaard gebleven en ligt in het Nationaal Museum van de Prehistorie in Les Eyzies. Deze lamp is gesneden uit roze zandsteen in de vorm van een klein racket met een korte steel waaraan hij vastgehouden kon worden.

Steeds functioneler

Zo'n 9000 jaar geleden gingen de mensen zich vestigen op vaste plaatsen. Daarmee ontstond de behoefte altijd vuur bij de hand te hebben, enerzijds om te koken, anderzijds om wilde dieren te verjagen die de nederzetting belagen. In die tijd werd de lamp van klei ontwikkeld, die veel functioneler was, want hij bestond uit een reservoir met brandstof en een snuit met een pit. Ook de modernere versies van metaal hebben bijna hetzelfde model, totdat de kaars wordt uitgevonden, waarbij de pit of lont omgeven is met was. Hiervan wordt de eerste keer melding gemaakt bij Romeinse schrijvers in de eerste eeuw voor onze jaartelling.

De naainaald (16 000 v.C.)

Meteen volmaakt

De naainaald verschijnt 18 000 jaar geleden, aan het einde van het solutrien. Met dit benen miniatuurwerktuig wordt het dagelijks leven van de cro-magnonmens een stuk makkelijker. Deze geweldige uitvinding heeft in al die tijd geen enkele verandering ondergaan, met uitzondering van het materiaal waarvan ze gemaakt is.

Deze geperforeerde naalden geven een mooi beeld van het geduld en de vaardigheid van de handwerkslieden van zo'n 18 000 jaar geleden.

Denis Peyrony, een onderwijzer uit de Périgord en fervent amateurarcheoloog, vindt in 1921 in de grot van Laugerie-Basse (dal van de Vézère, Dordogne) een naainaald, dat wil zeggen een naald met een gat aan de ene kant en een spitse punt aan de andere. In 1965 vindt dr. Cheynier op zijn beurt een prachtig exemplaar in de enige prehistorische laag op de rechteroever van de Vézère, te weten de overhangende rotswand van Lachaud bij Terrasson. Hij stuit op deze naald in het puin vóór de wand en dateert haar met zekerheid van eind solutrien. Hij beschrijft de vondst als 'het allermooiste werktuig dat ik tegengekomen ben; het mag dan in zijn tijd gebroken zijn, maar het is bewaard gebleven met een intact oog, en wat voor oog!, een wonder van verfijning en symmetrie'.

Dit is het oudste exemplaar dat ooit gevonden is. Unaniem wordt gedacht dat de naald is uitgevonden door groepen semi-nomadische jagers die door Zuid-Europa trokken en waarvan veel sporen gevonden zijn in Zuidwest-Frankrijk, Spanje en Portugal. Hun beschaving wordt gekenmerkt door opmerkelijk kunstzinnige uitingen, zoals de reliëftekeningen van Roc de Sers en het verfijnde beendersnijwerk laten zien.

Geboorte van het naaiwerk

Dit prehistorische werktuig wekt uiteraard bewondering vanwege het simpele ontwerp en de vindingrijkheid, want het heeft twee functies: doorboren en vastmaken, of beter een draad geleiden. Stel je de vaardigheid van de handwerker uit het solutrien eens voor: eerst moet hij met een stenen burijn of schraper een lange dunne spaander uit een bot snijden en die bijwerken tot een naald. Vervolgens wordt de spaander afgerond, aan één kant spits gemaakt en geschuurd op een stuk fijne zandsteen. Men heeft dergelijke polijststenen gevonden met talrijke kleine groeven, sporen van veelvuldig herhaald gebruik. En als laatste wordt het oog van de naald geboord waar de draad doorheen moet. Dit gebeurt met een spitse vuursteen aan een van de uiteinden van de naald.

De naainaald wordt gewoonlijk gemaakt van hertengewei, bot of ivoor. Is ze stevig genoeg om huiden direct aan elkaar te naaien? Die vraag is nog open. Veel specialisten denken dat leer, zelfs als het van tevoren soepel is gemaakt, eerst doorboord moet worden met behulp van een spitse vuursteen als priem, en dat daarna pas de draad met behulp van de naald door de gaten kan worden geleid. Experimenten hebben echter aangetoond dat naalden die van vers bot zijn gemaakt, erg sterk zijn.

De ouderwetse manier van vervaardigen
Hedendaagse archeologen hebben de manier waarop de laat-paleolithische mens benen naalden maakte, proberen te reconstrueren (zie boven).

Een jas van robbenhuid *zoals ze al sinds onheuglijke tijden gemaakt worden door de Eskimo's (rechts).*

Voor van alles te gebruiken

Voor de mensen van het laat-paleolithicum is de naainaald een ware vooruitgang. Hiermee wordt het aan elkaar maken van huiden veel makkelijker, en dus het maken van kleding die hen beter moet beschermen tegen het harde klimaat. De draad is van dierlijke herkomst, meestal een zenuw of pees. Deze wordt gedroogd, in lange vezels gesneden en vervolgens gekauwd. Bij de opgraving van Grimaldi in Italië werd een zeldzame vondst gedaan: een kinderjasje van eekhoornbont.

Met de naald kunnen huiden zakken gemaakt worden waarmee vloeistoffen en voedsel beter bewaard kunnen worden. Misschien hebben de mensen vanaf die tijd gekookt met deze genaaide zakken en zo hun keukenpraktijk aangepast. Het is bewezen dat de vervaardiging van tenten en bootjes (zoals kajaks) van huiden over een skelet van takken zonder naald en draad niet van de grond was gekomen.

Er worden met de naald dus nieuwe mogelijkheden geschapen waardoor de mens zijn levenswijze ingrijpend kan veranderen. Hij kan zich nu beter beschermen en voeden, en hij kan makkelijker op zoek gaan naar nieuwe jacht- en leefgebieden.

Archeologen hebben tijdens expedities naar de Noordpool in het eerste kwart van de 19e eeuw verbazende gelijkenissen aan het licht gebracht tussen de technieken van de Eskimo's en de mensen van de prehistorie. Bij de Eskimo's wordt veel gebruikgemaakt van naalden van bot of walrustand, en de draad is van rendierpezen of zeehondendarmen. Bovendien maken ze kleding en kleine kano's van huiden. Maar hun naalden zijn wel verfijnder uitgewerkt.

De eerste leerlooiers

Er zijn geen sporen gevonden waaruit we te weten kunnen komen hoe men vroeger de huiden soepel maakte en behandelde. Maar we hebben wel gereedschap voor de leerbewerking gevonden, zoals schrapers en krabbers van vuursteen. Het looien van een huid, met of zonder de vacht, is een moeilijke kunst; niet alleen moeten alle vleesresten verwijderd worden die anders maar zouden gaan stinken, maar ook moet verhinderd worden dat de huid gaat rotten of stijf wordt. Algemeen wordt gedacht dat de eerste leerlooiers gebruikmaakten van de hersenen van het dier, oker, kleiaarde met ijzeroxide en urine, die erg rijk is aan ammoniak en verrotting tegengaat.

Een hedendaagse indiaan *schraapt een kariboehuid schoon, als vanouds grondstof voor tenten en kleding.*

Naaldwerk

Vanaf het magdalénien is het gebruik van naalden al wijdverbreid. In het oude Egypte maakt vanaf 4500 jaar geleden de grondstof bot plaats voor nieuwe materialen, zoals koper en later brons. De Egyptenaren vervolmaken hun chirurgische techniek van wonden hechten met behulp van dit miniatuurgereedschap.

In de Griekse wereld is het voorwerp zo gewoon geworden dat we het verrassend genoeg terugvinden in een fabel die toegeschreven wordt aan Homerus: een leger muizen vertrekt naar het slagveld, zwaaiend met bronzen naalden als lans. Maar alle gekheid op een stokje, Phrygië is in de toenmalige mediterrane wereld beroemd om de kwaliteit van zijn naald- en borduurwerk. Bij de Romeinen waren al ijzeren naalden in gebruik.

In de middeleeuwen zijn de ijzeren naalden nog een beetje grof, maar in Neurenberg (Duitsland) wordt vanaf 1370 begonnen met de vervaardiging van gepolijste stalen naalden naar een uit Syrië geïmporteerde methode. Met de renaissance komt de gepolijste naald pas goed in zwang in Europa. Catherine Howard, een van de vrouwen van Hendrik VIII, introduceert de naald in Engeland, waar de fabri-

De aanzet tot chirurgie

De draad van dierlijke herkomst – een uitvinding die hand in hand ging met die van de naald – waarmee de mensen van de prehistorie hun kleren naaiden, zou ook van pas komen in de eerste vormen van chirurgie. Als je de huid van dode dieren aan elkaar kon naaien, waarom dan niet die van levende mensen? Het principe van de dierlijke draad is nog altijd van deze tijd, alleen wat meer geperfectioneerd. De hechtdraad wordt tegenwoordig catgut genoemd, wat etymologisch 'kattendarm' betekent, maar in feite gemaakt is van schapen- of varkensdarm, die op een bepaalde manier behandeld en gesteriliseerd is. Het oorspronkelijke woord *kitgut* stamt uit de 16e eeuw en betekent 'muziekinstrument', want hetzelfde materiaal wordt ook gebruikt voor de snaren van sommige instrumenten, zoals viool, cello en harp.

cage zich in de 18e eeuw sterk ontwikkelt in Birmingham.

In de tijd dat Frankrijk nog een koninkrijk was, is naaldwerk erg in de mode. Het wordt een passie en kunst, zoals kantwerk van Alençon, en dat of men nu een dame van stand is of gewoon burgeres. De naalden van de fabrieken van L'Aigle in Normandië, die wereldfaam genieten, gaan de concurrentie aan met de Engelse naalden. De revolutie van de naaimachine in 1830 heeft het prestige van de naainaald niet aangetast. 18 000 jaar na haar uitvinding is ze nog altijd een alomtegenwoordig voorwerp in het dagelijks leven.

Recht of krom *De Egyptenaren van 3000 jaar geleden maakten niet alleen boetnaalden, maar ook kromme naalden voor het aan elkaar naaien van huiden (rechts).*

Deze Eskimo *repareert zijn huiden kano volgens de eeuwenoude methoden van zijn verre voorvaderen (onder).*

De vroege wetenschappen

Hoe prehistorici het verleden reconstrueren

Er zijn maar heel weinig getuigenissen van ons verste verleden. De reconstructie van de levenswijze van onze voorouders lijkt veel op recherchewerk. De complexiteit van dit soort werk neemt toe naarmate we verder in de tijd teruggaan.

Deze onderwaterarcheoloog heeft eerst lang en minutieus bronnenonderzoek gedaan in een of meerdere bibliotheken voordat hij echt veldwerk gaat doen. Het is niet bij toeval dat hij de resten van een schip vindt dat in 1025 verging ter hoogte van de Britse Eilanden.

Prehistorisch onderzoek is vóór alles teamwork, waarbij veel specialistische disciplines hun kennis en kunde met elkaar delen: de aardwetenschappen (geologie, sedimentologie, paleontologie), de menswetenschappen (archeologie, etnografie) en de natuurwetenschappen (biologie, moleculaire genetica).

Speelbal der ontdekkingen

Van welke sporen bedienen de wetenschappers zich om hun taak tot een goed einde te brengen? Helaas moeten we vaststellen dat organische materie van een miljoen jaar oud, op enkele zeldzame uitzonderingen na, helemaal verdwenen is. Van de perioden direct daarna vinden we maar heel weinig: stukjes onderkaak, botten, bewerkte stenen. Gelukkig vullen sommige vondsten de leemten op, zoals een houten kano die in 1955 in Nederland in het veen gevonden werd en beschouwd wordt als een van de oudste boten (8000 v.C.). Verder is daar natuurlijk de ongelooflijke vondst van de 5000 jaar oude ingevroren man van het Ötztal die in 1991 in een gletsjer in Zuid-Tirol gevonden werd, met kleren, werktuigen en wapens!

Geen enkel spoor verwaarlozen

Tijdens de opgravingen wordt het terrein meestal afgezocht met een krabbertje en een borstel. Bijna alle sporen worden bewaard: stenen van de vuurplaats, as, vuursteen- en beenderresten. De plek waar deze gevonden worden is al een eerste bron van inlichtingen. In het laboratorium worden de vondsten verder geanalyseerd. Met de elektronenmicroscoop kunnen we van werktuigen vaststellen waarvoor ze het laatst gebruikt zijn. Analyse van stenen en metalen legt hun herkomst bloot, en die van de tanden zegt iets over het dieet van de hominide. Uit onderzoek van de botten komen we het een en ander te weten over zijn lichamelijke gesteldheid en welke ongelukken hij in zijn leven heeft gehad. Daarnaast verschaft pollenanalyse informatie over het landschap en het leefmilieu, net als de dendrochronologie (ouderdomsdatering van bomen aan de hand van hun jaarringen). Al deze onderzoeken leveren een belangrijke bijdrage, want soms kan een vondst alleen gedateerd worden aan de hand van bepaalde omgevingsfactoren.

Een puzzel die nooit compleet is

Elke ontdekking legt iets bloot van het alledaagse en geheime leven van onze voorouders, opent nieuwe perspectieven met nieuwe vragen. Zo zegt de studie van de grotkunst ons iets over de dierenwereld van die tijd, die we vaak alleen kennen van deze overblijfselen en tekeningen. In sommige grotten, zoals die van Chauvet in de Ardèche, vinden we voornamelijk schrikwekkende dieren waarop gewoonlijk geen jacht werd gemaakt. Waarom dan toch die voorstellingen op zulke plekken? Sommige wetenschappers denken dat deze plekken toentertijd gezien werden als doorgangsplaatsen naar de geestenwereld. Om analogieën met de hedendaagse wereld te vinden, bestuderen ze stammen waar nog altijd sjamanisme wordt beoefend. Eén ding is zeker: de prehistorie is geen wetenschap van zekerheden.

Net recherchewerk
Wanneer het locatie-onderzoek met een fijnmazig controlenet gedaan is en de foto's genomen zijn, komen de archeologen opdraven met kwast en schraper, zoals hier in de grot van Klaises River in Zuid-Afrika. Sommige kwetsbare vindplaatsen, zoals de grot van Altamira in Spanje (afb. rechts), worden integraal gereconstrueerd.

DATERINGSMETHODEN

Wetenschappers beschikken over een scala aan technieken om hun vondsten te dateren. De meest toegepaste zijn:

Radioactiviteit

Deze methode is gebaseerd op het feit dat bepaalde atomen van een voorwerp in een bepaalde tijd (halfwaardetijd) veranderingen ondergaan die specifiek zijn voor dat element (een soort 'virtuele klok'). Bij de dood van een organisme, wanneer elke uitwisseling met de buitenwereld ophoudt, begint de virtuele klok te lopen. We weten dat de halfwaardetijd van bijvoorbeeld koolstof 14 gelijk is aan 5568 jaar, aan de hand waarvan we een bepaald monster kunnen dateren door in de tijd terug te gaan in stappen van 5568 jaar. Helaas kunnen we met koolstof 14 maar 50 000 jaar terug in de tijd. Maar er zijn andere elementen die wel geschikt zijn voor dateringen in een verder verleden, zoals uranium 238, dat een halfwaardetijd heeft van 4,5 miljard jaar.

Thermoluminiscentie

Met deze methode wordt de emissie van gevangen elektronen gemeten in geologisch materiaal. Bij de verwarming van sommige kristallen wordt licht uitgezonden als ze ooit op een tijdstip in het verre verleden opgeladen zijn met natuurlijke of kunstmatige straling. Hoe meer licht wordt uitgezonden, hoe ouder het voorwerp is.

DE ONVERVANGBARE PROEFNEMING

Onderzoekers aarzelen niet de handelingen van de mensen uit het verleden na te doen om zicht te krijgen op het hele scala aan mogelijke technieken, en zo een hypothese al dan niet te ondersteunen. Zo hebben geleerden geëxperimenteerd met het snijden van een vuistbijl, en waargenomen dat voor de verfijningstechniek door middel van druk een bepaalde leerschool nodig is. Daaruit leidde men af dat er specialisten geweest moeten zijn in het laat-paleolithicum (35 000 tot 10 000 v.C.).

Pijl en boog (rond 10 000 v.C.)

Een wapen voor de jacht en de strij

Pijl en boog werden zo'n 12 000 jaar geleden uitgevonden. Met dit wapen werden alle dieren een makkelijke prooi. Zevenduizend jaar later worden pijl en boog een oorlogswapen, dat later het veld moet ruimen voor vuurwapens. Tegenwoordig zien we boogschieten alleen nog als sport.

Hetzelfde gebaar met een marge van 8000 jaar
Hetzelfde wapen en hetzelfde doel verenigen deze boogschutter op een grotschildering van de Tassili (tussen 6000 en 4000 v.C.) en medicijnman Aman Baoi van Siberut, een eiland in de Mentawai-archipel in Indonesië (afbeelding volgende bladzijde).

We weten niet met zekerheid wanneer en op welke wijze de boog is uitgevonden. Uit vondsten van vuurstenen, die mogelijk overeenkomen met pijlpunten uit het laat-paleolithicum, kunnen we afleiden dat dit wapen rond 10 000 voor onze jaartelling is geboren, gelijk met de laatste jagermensen. Van dezelfde periode dateren de rotstekeningen in de grot van Arana (Spanje), waarop jagers zijn te zien die met pijl en boog achter dieren aan zitten. Op tekeningen in de grot van Niaux (Frankrijk) is een bizon te zien die geraakt is door een pijl.

Pijl en boog, een vliegende start

Het begin van het neolithicum is de gouden tijd van de jachtboog. Door de opwarming van het klimaat verandert het leefmilieu. De mens heeft zich nieuwe technieken eigen gemaakt die hij beproeft in de vervaardiging van microlieten. De jacht met pijl en boog, waarmee alle soorten wild te raken zijn, wordt vanaf dan de belangrijkste jachtmethode, zeker nu de pijl de speer op alle terreinen overtreft, te weten in snelheid, inslagkracht, draagwijdte en precisie. In Noord-Europa wordt gejaagd op rendieren en in West-Europa op wouddieren, zoals hert, ree, wild zwijn en konijn. De jacht met speer en aandrijfhout vindt in groepen plaats, waarvoor drijvers en speerwerpers nodig zijn. Met de boog verandert de jachttechniek radicaal: geduld, observatie en voorzichtige benadering

van de dieren worden belangrijk. De jager moet het dier verrassen, en niet het dier de jager.

Erg grote keus

Jagers hebben de keus uit meerdere pijlen, allemaal voor verschillende soorten wild. Er zijn heel spitse, andere hebben brede snijpunten. Ook zijn er pijlen met weerhaken, dus met zijpunten. Weer andere pijlen hebben bloedgleuven die er met een kleine beitel zijn ingemaakt. Voor vogels en klein wild wordt een pijl zonder punt gebruikt, maar met een soort knotsje om het dier te verdoven en niet te beschadigen. Dit type pijl wordt nog altijd gebruikt door de Eskimo's.

Deze medicijnman *van de Mentawai-eilanden in Indonesië (afbeelding rechtsboven) jaagt vandaag de dag nog met pijl en boog.*

Een geducht arsenaal

Deze harpoenen met weerhaken van rendiergewei en de werpspies (afbeelding hiernaast) dateren van 17 000 tot 11 000 v.C. (laat-paleolithicum) en werden al gebruikt bij de jacht van dichtbij op groot wild. De vuurstenen pijlpunten van 8000 jaar oud (afbeelding links) kwamen het arsenaal aanvullen met wapens die over een grotere afstand konden doden.

Jacht- en vistechnieken

Toen rond het 10e millennium voor onze jaartelling de boog op het toneel verscheen, bestond het arsenaal van de jager van het laat-paleolithicum uit de boemerang, de werpspies en aandrijfhout, de speer en de harpoen (een werpspeer met een afneembare punt met weerhaken). Verder is hij vaardig in het maken van met takken overdekte valkuilen voor groot wild en het vangen van vogels en kleine dieren, zoals everjongen, met een net. De jager wordt soms vergezeld door een hond. In het laat-paleolithicum werd al gevist, maar in het neolithicum krijgt dit een nieuwe impuls. Harpoen, speer en boog maken deel uit van de uitrusting van de visser op snoek en zalm. Kleine vissen worden gevangen met vislijn en net; fragmenten van netten van plantaardige vezels zijn teruggevonden in Finse en Estse meren.

In heel Europa werd een grote verscheidenheid aan vishaken van been, schelpen en evertand gebruikt. Dobbers van boomschors en loodjes van steen, gevonden in Star Carr (Engeland), zijn de voorlopers van hedendaags hengelmateriaal, net als langwerpige visfuiken van wilgentenen die heel erg op de ambachtelijke fuiken van deze tijd lijken. Tegenwoordig zetten de vele adepten van de jacht en de visvangst de technieken van de prehistorie voort, maar dan met modern materiaal zoals koolstofvezel (carbon).

Pijl en boog van het vroege neolithicum zijn erg geslaagd. De primitieve bogen zijn eenvoudig, uit één stuk hout en bijna net zo lang als een mens. Bij sommige bogen hoorde een soort polsbeschermer (tegen het slaan van de gespannen pees) die bestond uit een stuk leisteen of bot dat met riempjes werd vastgemaakt. Bij opgravingen in een neolithische vindplaats in Bercy (bij Parijs) is een dergelijke, nog in goede staat verkerende boog gevonden uit 4600 v.C. Het wapen heeft een eenvoudige symmetrische boogvorm en is 1 m 54 lang. De handwerker heeft taxushout gebruikt, dat vaak wordt toegepast bij bogen, omdat het sterk en buigzaam is. De pijlen zijn 70 cm lang en hebben vuurstenen punten. Van de honderd bogen die in Europa gevonden zijn is die van Bercy een van de oudste.

Staat de boog aan het begin van de muziek?

Voor sommige paleontologen staat vast dat de sonore vibratie van de boogpees aan de wieg staat van het eerste snaarinstrument. Met de toevoeging van een, twee en later meerdere pezen werd de voorloper geschapen van de luit, lier, citer, harp en gitaar van latere eeuwen.

Optocht der krijgers
Deze beroemde boogschutters van de Achemenidische Perzen (zie boven) en deze elegante Amazoneboogschutster van de Scythen (zie rechts) dateren beide van de 6e eeuw v.C. Van jachtwapen is de boog krijgswapen geworden. Maar er wordt bijvoorbeeld nog mee op leeuwen gejaagd, zoals blijkt uit de afdruk van een Perzisch cilinderzegel van dezelfde tijd (zie links).

Het raadsel van de uitrusting van Ötzi

Waarom is de uitrusting van de man, bijgenaamd Ötzi, die leefde rond 3150 v.C. en gevonden werd in een gletsjer van het Ötztal, niet compleet? Toen deze man werd gevonden, had hij verschillende voorwerpen bij zich, waaronder een gemslederen pijlenkoker. De simpele boog van taxushout van 1 m 82 is echter niet afgemaakt, waardoor deze op een stok lijkt. Men denkt dat de pees van plantaardige vezels die gevonden werd in de pijlenkoker, bestemd was voor de boog. In de koker zaten veertien pijlen van clematishout en hoorn. Slechts twee daarvan droegen een punt van vuursteen die met berkenhars en dierlijke pezen was vastgezet. De bevedering was ook vastgeplakt met berkenhars en met een dunne plantenvezel omwonden. De andere pijlen waren nog niet af: twijgen van 80 cm met een keep voor de pijlpunt. De boog en de pijlen waren niet de enige spullen die Ötzi bij zich had. Hij had ook een dolk van hout en vuursteen, een koperen bijl en verscheidene andere werktuigen van hout, gewei en vuursteen. Was dit de uitrusting van een jager, of een herder die zichzelf en zijn kudde moest kunnen beschermen, of die van een reiziger die de bergen over trok? Zeker is dat Ötzi zijn wapens gebruikt heeft vlak voor hij stierf. Hij heeft daarbij blijkbaar zijn boog verloren en zijn pijlen beschadigd. Hij is gestorven vóór hij zijn uitrusting heeft kunnen herstellen.

De boog van het Nabije Oosten

In Mesopotamië behoren pijl en boog ook tot het arsenaal van de jager. Naast de jacht voor voedsel was er ook de plezierjacht, die het privilege was van de koning en zijn edelen. Er zijn voorstellingen gevonden van boogschutters op een strijdwagen die een leeuw, wilde ezel of wilde buffel achternazitten. Voor dat doel hebben de Mesopotamiërs van die tijd pijlpunten vervaardigd die driehoekig van vorm en erg scherp zijn, zodat het gewonde dier sneller bloed verliest en verzwakt.

In Egypte is de boog, samen met de speer en de knots, het oudste wapen. Egyptenaren jagen met de boog in de woestijn op wilde runderen, gazellen en moeflons. Hun archaïsche boog is dubbel gebogen en klein van stuk (1 m). De dubbele curve is goed terug te vinden in het hiëroglyfenteken voor boog. De pijlen van riet zijn op schaal van de boog, zo'n 50 cm. Er zijn verschillende soorten punten teruggevonden: van vuursteen, agaat, vissentanden en ivoor. Enkele heel spitse punten zijn rood geverfd. Waren dat misschien gifpijlen? Of werden ze gebruikt bij magische rituelen, waarbij het rood van de pijlpunt het bloed van het dier moest aantrekken?

De Egyptische boog heeft zich in de loop der tijd verder ontwikkeld. In het Oude Rijk, zo'n 3000 jaar voor onze jaartelling, verschijnt de rechte boog van zo'n 1 m 70. Deze verandert opnieuw van vorm in het Nieuwe Rijk. Deze composietboog is minder lastig te hanteren en bestaat uit verschillende laagjes hout. Onder de voorwerpen voor de jacht en de strijd die Toetanchamon meekreeg in zijn graf, behoren verscheidene bogen en pijlen, en een pijlenkoker van hout en leer die belegd is met goud waarop enkele jachttaferelen zijn geschilderd. Voor de Egyptenaren was de jacht dus een belangrijke bezigheid.

Een geducht oorlogswapen

Tegen het einde van het neolithicum worden pijl en boog een oorlogswapen. Met de komst van metalen worden de pijlpunten van brons en later ijzer, en winnen aan doelmatigheid. Zo'n 5000 jaar geleden bestond de Soemerische infanterie uit boogschutters en lansiers. 'Wij gaven hun wapenen, wij brachten hun grote zwaarden in schedes van goud, en de boog en de pijlkoker,' zo verhaalt het *Gilgamesj-epos*. Tot de 15e eeuw zijn boogschutters in bijna elke slag van de partij. In Egypte behoren pijl en boog tot het standaard wapenarsenaal van het leger. Maar slinger en boemerang kunnen bij jacht en oorlog ook doelen op 100 tot 200 m afstand raken. De farao's trainen zich op schietschijven van goud en zilver, staand op een lichte strijdwagen die getrokken wordt door paarden. De Assyriërs en Perzen, maar ook de nomadische boogschutters uit het Oosten, zoals de Goten en met name de Hunnen, die 'altijd klaar staan om gebruik te maken van pijl en boog, en zo wreed zijn als wilde beesten', en niet te vergeten de Mongolen, wier lichte cavalerie de vij-

Een voorwerp van verering
Deze bronzen Cambodjaanse boog uit de 16e eeuw heeft nog nooit een pijl afgeschoten; hij is gewoon niet te spannen. Het is een zuiver ritueel voorwerp.

and met een regen van pijlen bestookt, hebben in de geschiedenis der veroveringen de herinnering nagelaten aan hun onverschrokken boogschutters.

In Europa wordt in 1346 in de Slag bij Crécy de Franse cavalerie in de pan gehakt door Engelse boogschutters met hun bogen van taxus, es en esdoorn, die op 200 m afstand tien tot twaalf pijlen per minuut afschieten. Tegen het einde van de middeleeuwen speelt de boog nog altijd een grote rol, ondanks de concurrentie van de kruisboog. Vanwege zijn geringe gewicht, snelheid van gevechtsklaar maken en langere reikwijdte was deze toch wel superieur aan de boog. Maar tegen vuurwapens waren de boogschutters niet opgewassen. In de 16e eeuw kwam met de invoering van vuurwapens een einde aan een lange oorlogstraditie.

Een primitieve emotie

Volgens de makers van moderne bogen was de rechte neolithische boog technisch gezien een hoogstandje. Vandaag de dag wordt dit type boog nog altijd gebruikt voor de jacht; er zijn nog heel wat aanhangers van deze boog, zowel in Noord-Amerika als in Frankrijk. De rechte bogen zijn geperfectioneerd door toepassing van edele houtsoorten, zoals bukshout, esdoorn en tropische houtsoorten. Meestal worden ze als unicum gemaakt door boogmakers.

In sport- en vrijetijdsbogen zijn vaak de laatste technische snufjes verwerkt. De boog zelf is van composietmateriaal (hout-glasvezel of carbon-keramische vezel) en de pees is voortaan van dacron of kevlar. De pijlen zijn niet meer van hout, maar van (aluminium)carbonvezel. In het vizier van sportbogen wordt tegenwoordig glasvezel toegepast. Sommige bogen hebben katrollen aan het uiteinde, waarmee met minder inspanning meer trekkracht ontwikkeld kan worden.

Voor de eeuwigheid zonder pijlenkoker
Deze beeldjes van Nubische boogschutters in de graftombe van de Egyptische generaal Mesehti (2500 v.C.) bezitten geen pijlenkoker. De 15e-eeuwse kunstenaar die het beleg van Jeruzalem door de christenen schilderde, heeft de pijlenkoker ook aan de schouders van de boogschutters vergeten te hangen. Toch bestond dat stuk uitrusting al. De yabusame (Japanse boogschutter te paard; zie rechts) die in Londen een demonstratie gaf van deze duizend jaar oude kunst, heeft er in ieder geval wel een.

De moderne bogen *voor sportevenementen (zie uiterst rechts) zijn ware meesterwerken qua vormgeving en techniek.*

De gepolijste bijl (rond 8000 v.C.)

Het moderne gereedschap

Voor de prehistorici markeert de verschijning van de gepolijste bijl de overgang van het paleolithicum naar het neolithicum. Met de bijl zien we de mens veranderen van jager-verzamelaar in ontginner-boer.

Symbool van macht
De bijl die deze Soemerische krijger tegen zich aan drukt (zie boven) en die waarmee deze Vikingkrijgers van de bronstijd dreigend zwaaien (zie onder), markeren het begin van een nieuw tijdperk.

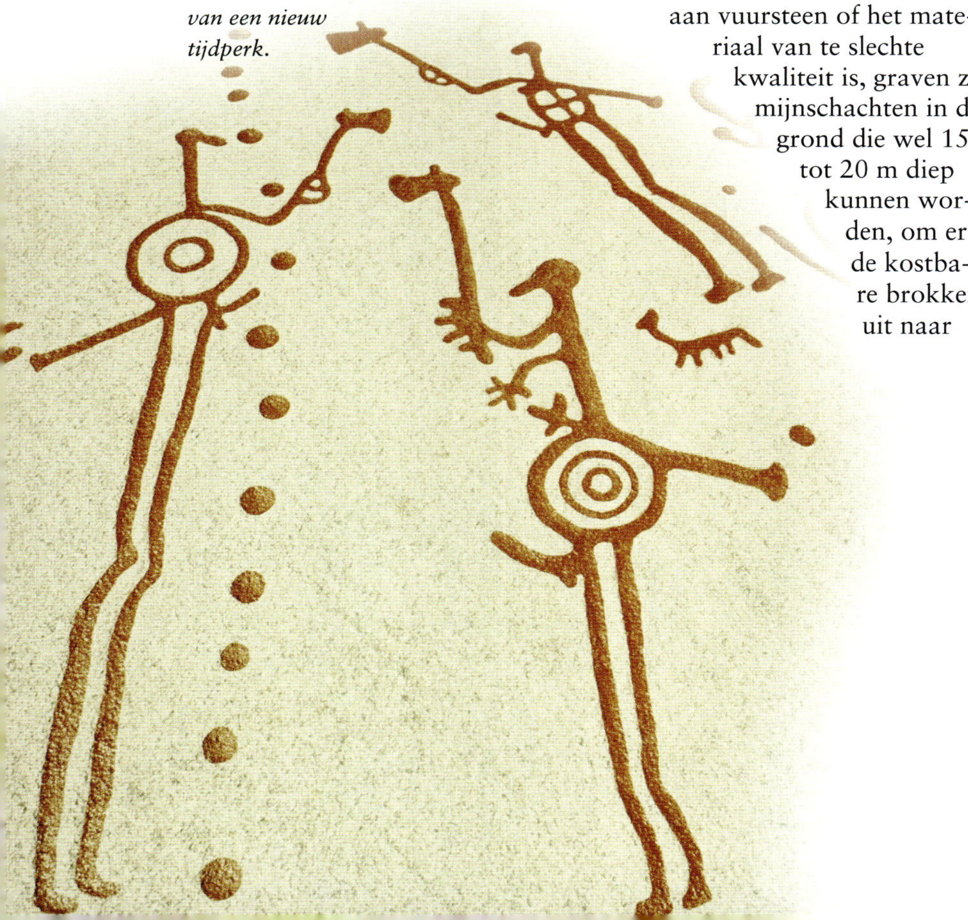

De wouden van Noord-Europa weerklinken van de kreten en het hakken van bijlen; geschreeuw van inspanning of communicatie, slagen van stenen op hout, gekraak en het doffe geluid van een boom die ter aarde stort. Tussen 3900 en 2800 v.C. worden grote stukken Noords woud weggekapt in de gematigde zone van het huidige Denemarken om op de open gekomen plekken graan te verbouwen. De mannen oogsten de zaden en stoppen vervolgens de achtergehouden zaden na de grote kou in de grond. Deze eerste landbouwers zijn ook bouwers. In hun niet aflatende strijd met het woud vinden ze eersteklas materiaal voor de bouw van huizen. Bekwame handwerkslieden beginnen een ware industrie in vuurstenen bijlen. Als er een tekort dreigt aan vuursteen of het materiaal van te slechte kwaliteit is, graven ze mijnschachten in de grond die wel 15 tot 20 m diep kunnen worden, om er de kostbare brokken uit naar boven te halen. Zo worden in Noord-Europa de eerste mijnen geboren. De bijlen van gepolijste steen zijn voortdurend aan het werk. Op vindplaatsen in het veen komen we de sporen van bijlslagen nog altijd tegen op geconserveerde stammen van berken, essen en sparren. Deze sporen vinden we ook terug op de gangwanden van vuursteenmijnen, op die van grafgrotten in de Marne en zelfs op schedels!

De kunst van het polijsten

De uitvinding van het polijsten van steen wordt toegeschreven aan de Natufi in Palestina (rond 10 500 v.C.). In Tell Moureybet zijn gepolijste siervoorwerpen gevonden, zoals langwerpige oorhangers en staven. De eerste gepolijste bijlen verschijnen zo'n 2000 jaar later, ook in Palestina. De vervaardiging van een dergelijke bijl vraagt veel knowhow. De handwerksman zoekt met zorg een brok steen uit (vuursteen, serpentijn, dioriet), bewerkt dat ruw en snijdt het bij met kleinere slagstenen, zoals in het paleolithicum. Vervolgens wordt de snijkant onder druk of door bijsnijden verfijnd. Nu de ruwe vorm van een lange dunne bijl klaar is, kan het schuur- en polijstwerk beginnen. De handwerksman plaatst de bijl op een polijstblok van zacht zandsteen met diepe groeven. Terwijl hij het polijstblok nathoudt, wrijft hij met de bijl over de steen. Water en fijne zandsteendeeltjes vormen een schuurpasta die het werktuig zijn uiteindelijke glans en scherpte geven. Vervolgens wordt de steen doorboord om er een steel in vast te zetten.

Het wetten

Een dergelijk zwaar werk heeft alleen zin als het werktuig lang meegaat en scherp blijft. De gepolijste bijl biedt het voordeel dat hij kan worden bijgesneden en opnieuw gepolijst als hij gebroken of gekarteld is, of gewoon worden gewet als hij bot geworden is. Etnologen die in 1990 de stammen van de Kim-Yal in Irian Djaja hebben bestudeerd, kunnen meepraten over de doelma-

De kunst van het polijsten
Deze gepolijste stenen die gevonden zijn in Morbihan dateren van 5000 jaar geleden (zie boven). In China goot men in de bronstijd bijlen van metaal (hiernaast). Maar in Papoea-Nieuw Guinea maakt men nog altijd gebruik van stenen bijlen om een boomstam uit te hollen tot een kano (zie uiterst rechts).

tigheid van de gepolijste stenen bijl: de Kim-Yal velden een boom zo dik als een telegraafpaal in minder dan 10 minuten. Paleontologen hebben met de techniek van het polijsten die nu nog in zwang is bij deze stammen, hun hypothesen over de vervaardiging en het onderhoud van deze werktuigen bevestigd gezien.

Met de komst van de metalen gaan de bewoners van Europa en het Nabije Oosten over op het gebruik van bronzen bijlen waarvan ze de vorm vervolmaken, met name om er een oorlogswapen van te maken. Vervolgens komt de bijl in de ijzertijd en vervolgt hij zonder noemenswaardige veranderingen zijn weg tot in onze tijd.

De werktuigen van het neolithicum

De gepolijste bijl, het standaard gereedschap van de ontginningswerkers en bouwers, is het symbool geworden van het neolithicum. Maar ook andere werktuigen doen hun intrede. De hak, die afgeleid is van de bijl, waarbij de snijkant parallel loopt met de as van de steel, heeft een snijkant die loodrecht staat op de steel. Hij wordt gebruikt bij houtbewerking en het bewerken van land. In sommige nederzettingen bij meren werd een moker, die veel gelijkenis vertoonde met de bijl, gebruikt om spitse heipalen mee de grond in te slaan. Voor de oogst gebruikten de akkerbouwers verschillende soorten sikkels en maaimessen met kromme of rechte heften. De snijkant bestond uit microlieten of kleine vuurstenen mesjes die in de steel waren verwerkt. Granen werden geplet in een stenen, en soms een houten, mortier, maar ook met grote platte of bolle molenstenen. Sommige van die molenstenen waren gebild om ze meer scherpsel te geven.

Werktuigen krijgen een steel

Toename van de menselijke kracht

Ruim 35 000 jaar geleden ontdekt de mens dat een steel de beweging van arm en hand versterkt en deze dus doelmatiger maakt. In die tijd ziet gereedschap het daglicht waar wij vandaag de dag nog gebruik van maken.

*De **aandrijfhouten** van het laat-paleolithicum maken de kracht van de jagers veel groter (zie onder) en worden kostbare voorwerpen, zoals te zien is aan dit met hertenkalf en vogels versierd aandrijfhout. Het is gevonden in het Mas-d'Azil in Ariège en dateert van 13 000 v.C. (zie rechts).*

Het grote hert staat op 80 m afstand van een menselijke figuur die het niet schijnt te verontrusten. Het aarzelt met vluchten; een fatale aarzeling. Een lange pijl, die aangedreven wordt door een geducht wapen in de handen van een vaardig jager, zal zijn keel doorboren. Deze avond zal de clan hertenvlees eten.

De jagers van het laat-paleolithicum zijn zeer bedreven in het maken van scherpe speerpunten van vuursteen. Vanaf het aurignacien (35 000 v.C.) zien we speerpunten van rendiergewei of bot die vastgemaakt zijn op houten stelen. Deze lichtere en doelmatigere wapens zijn praktischer dan de houten spiesen, die vaak onbruikbaar worden zodra de punt versleten of kapot is.

Een nieuwe discipline: traceologie

Van werktuigen blijken alleen steen en in sommige gevallen ook bot goed geconserveerd te blijven. Maar voortaan weten we dankzij de nieuwe discipline traceologie of werktuigen een steel hadden of niet. De prehistorici bekijken ze daarbij onder de microscoop op microsporen, die onzichtbaar zijn voor het blote oog. Daarmee kunnen ze de met het werktuig uitgevoerde beweging reconstrueren (ronddraaiend, transversaal of longitudinaal) en bijvoorbeeld bepalen of er gedroogde huid mee is schoongemaakt of verse, of er bot mee gesneden is, hout of vlees. Op die manier hebben ze op vuursteen sporen gevonden van ontschubben, terwijl er geen enkel spoor van vis te bekennen viel. Door onderzoek van de grootte en diepte van de slijtage kan men te

Microlieten in deskundige handen

Microlieten zijn heel kleine vuurstenen werktuigen. Sommige zijn slechts enkele millimeters groot. Ze worden bewerkt tot spitsen of tot andere geometrische vormen, zoals driehoek, trapezium, halvemaan of rechthoek. Hun afmeting vergt grote behendigheid en grondige kennis van het materiaal. Op twee precies vastgestelde plekken van een dun blad vuursteen maakt de vakman een soort inkepingen. Op die plekken wordt het blad gebroken om een microliet te krijgen, plus aan de uiteinden twee nieuwe werktuigen, microburijnen die van pas komen bij de afwerking. De uiteindelijke vorm van de microliet wordt vervolgens verkregen door schuren en polijsten. Daarna hoeft ze alleen nog maar in de steel gezet te worden.

In deze bijlen van het vroege neolithicum (afbeelding links) en uit het moderne Indonesië (afbeelding midden en rechts) vinden we dezelfde principes terug: de kracht wordt vergroot door de steel.

weten komen of het werktuig intensief gebruikt is, of er een handvat aan zat en of de gebruiker links- of rechtshandig was.

Een nieuw arsenaal van werktuigen

De mens van het vroege neolithicum maakte de eerste samengestelde werktuigen, meestal bestaande uit een handvat of greep van hout met daarin vastgezet kleine puntige of aangescherpte stukjes vuursteen, bot of microlieten. Deze techniek kwam 10 000 jaar voor onze jaartelling in Europa en het Nabije Oosten tot ontwikkeling. Veel van de microlieten deden dienst als pijlpunt voor de jacht op vogels en klein wild. Andere vormden het snijdende deel van harpoenen, werpsperen, raspen en messen. Met deze nieuwe techniek, die een goede kennis van de materialen vereiste, zien we een totaal andere benadering van werktuigontwerp ontstaan. Vanaf nu bepalen greep en handvat vorm en functie van het werktuig. De vuurstenen microlieten bieden daarbij het grote voordeel dat ze vervangen kunnen worden.

Dankzij de greep is het werktuig veel makkelijker te hanteren. Door het in het verlengde van de arm of het lichaam te houden krijgt de mens een betere fysieke werkhouding. Hij beperkt zo de inspanning die hij moet leveren en verbetert de effectiviteit van zijn handelingen.

Hij perfectioneert ook zijn vistechniek. De harpoenen van het magdalénien zijn vernuftige wapens. Wanneer een dier wordt geraakt, lost de kop van de harpoen zich van de schacht en blijft in het dier vastzitten, hoezeer het ook tekeergaat of probeert te

Indianenbijl
De gepolijste steen is omstrengeld met een wilgenstok die de steel vormt van dit wapen van de Anasazi (1100 n.C.).

De verschillende montagetechnieken van stelen

Sommige vuurstenen werktuigen worden op de steel gemonteerd met eenvoudig touwwerk. Maar de meeste vertonen sporen van lijm en draad die de verbinding van steel en werktuig verstevigen. Er zijn een paar verschillende bevestigingsmethoden: soms is het werktuig langs de steel gebonden, soms is het erin vervat. De speren van het magdalénien laten zien dat die verschillende bevestigingsmethoden naast elkaar bestonden. De speerpunt met één schuin geslepen kant zit tegen de steel aan, en die met twee kanten is in de steeltop gevat. Het dunne vuurstenen lemmet van messen en microlieten is ingebed in een groef van de houten steel. Alles wordt verlijmd met plantaardige of dierlijke hars, berkengom of vislijm. Slagwerktuigen hebben een steel met een holte of doorboring om het werktuig in vast te zetten. Bij bijlen zit de steel echter in het gat van het werktuig, een techniek die we nu ook nog zien bij bijlen en mokers. Tegen het einde van het neolithicum komt de indirecte montage in zwang. De vuurstenen bijl of hak wordt ingebed in een huls van hout of hertengewei die de schokken opvangt en de steel versterkt. En verder natuurlijk hars en touwwerk om het geheel te verstevigen.

Symboliek van de steel

Toen de mens zijn vuurstenen werktuigen van een steel begon te voorzien, ontdekte hij dat hij meer kracht kon uitoefenen wanneer hij de steel langer maakte. Bovendien kon hij het dan ook voor andere taken gebruiken. Vandaar dat in de meest uiteenlopende gebieden, van Azië en Oceanië tot Midden-Amerika, ceremoniële bijlen werden vervaardigd die nergens toe dienden, maar door de lengte van de steel aangaven dat ze alleen bestemd waren voor het stamhoofd.

vluchten. De kop van de harpoen is met een koord van leer of gevlochten plantenvezels verbonden met de jager, zodat deze het gewonde beest in de greep kan houden. De aanzet van de harpoen op de schacht is hierbij van cruciaal belang. De kop is meestal van been en moet heel precies passen in de schacht en vast blijven zitten wanneer de harpoen gestoten wordt. Maar ook weer niet te vast, want de harpoenkop moet op het juiste moment gelost worden.

En ten slotte zal de toepassing van het aandrijfhout een omwenteling teweegbrengen in de jachtpraktijk. Met deze houten stok met aan het eind een inkeping waarin de achterkant van een werpspeer past, kunnen deze met grotere kracht en precisie weggeworpen worden. Hiermee wordt het bereik vergroot, zodat ook grotere prooien (die dichtbij te gevaarlijk zijn) geveld kunnen worden.

Ten dienste van de landbouw

De oudste werktuigen die met intacte steel gevonden zijn, dateren van het neolithicum (6000 v.C.). Deze, en ook losse stelen en handvatten, zijn gevonden in de meernederzettingen van de kantons Fribourg en Neuchâtel in Zwitserland en in de Franse Jura. Voortbordurend op oude modellen van schrappers, messen en harpoenen ontwikkelden de eerste boeren ook nieuwe werktuigen zoals snijbeitels, bijlen en grondhakken van gepolijste steen, en ook sikkels en houwelen.

Deze ontginningswerkers deden ook hun voordeel met de verschillende boomsoorten. De stelen zijn van het hout van zowel spar als es, of kamperfoelie en appelboom. Met de natuurlijk gegroeide gaffels en takken waarvan de kromming goed overeenkomt met hoe de steel eruit moet komen te zien, vinden ze de gebogen greep uit.

Kan het nog beter?

Aan het einde van de 18e eeuw hebben ingenieurs geprobeerd de werktuigen van duizenden jaren wederom te verbeteren. De belangrijkste modellen waren met illustratie en beschrijving opgenomen in de *Encyclopédie ou Dictionnaire raisonné des sciences, des arts et des métiers* van Diderot en D'Alembert. Het lukt ze niet. De bijlen, houwelen en hakken voldeden perfect aan hun functie; de verbeteringen gingen niet verder dan alleen het gebruik van de nieuwste materialen en detailkwesties.

Deze uitermate hightech ijspickels *laten zien dat je met een ingenieuze steelaanzet allerlei hoogstandjes kunt uithalen, zoals tegen een steile ijswand opklimmen.*

De kam (8000 v. C.)

De eerst bekende, uit bot gesneden kammen werden gevonden in Scandinavische graftomben en dateren van rond 9000 v.C. Van die tijd af is de kam altijd een alledaags gebruiksvoorwerp gebleven, en dat zowel voor mannen als voor vrouwen. In het oude Egypte won de kam het geleidelijk van het gebruik van lange naalden die men in zijn haren stak. De kam wordt dan ook aangepast voor het gladmaken van kroeshaar. Hij is van ivoor of hout, soms van goud, en vaak heeft hij aan beide zijden tanden. Soms lijkt dit alledaags gebruiksvoorwerp wel een kunstvoorwerp, zo schitterend bewerkt kan de handgreep zijn. In het Oudheidkundig Museum van Caïro wordt een kam tentoongesteld die gevonden is in de graftombe van Deir el-Medineh en dateert van het begin van de 18e dynastie (1400 v.C.). Hij is versierd met het levensteken *ankh*, een voorstelling van de god Horus en vogelvleugels. In Rome waren de meest gangbare kammen – waarvan keizer Diocletianus in de 3e eeuw de prijs vaststelde op 14 zilverlingen – van buxushout, ivoor en bot, en soms van brons. Ze komen tamelijk veel voor en zijn ook gevonden in de ruïnes van Pompeji. Zo'n eenvoudig voorwerp als de kam heeft de eeuwen getrotseerd zonder noemenswaardig van vorm te veranderen. Soms is hij echter een luxeartikel; in een Frans manuscript uit de 12e eeuw is bijvoorbeeld sprake van een vergulde ivoren kam. In de loop der eeuwen is eigenlijk alleen het materiaal veranderd waarvan de kam gemaakt is: in het midden van de 18e eeuw verschijnt de schildpadden kam op het toneel in Amerika, en eind 19e eeuw de kam van celluloid, de voorloper van plastic. Plastic kammen, die heel makkelijk te produceren zijn, zie je tegenwoordig veel meer dan die van metaal.

Allerlei vormen
De vorm heeft zich in de loop der eeuwen ontwikkeld, maar de verfijning is gebleven, zoals bij deze benen kam om mee te kaarden uit de ijzertijd (afbeelding boven) of deze dubbele kam waarmee de Grote Hoer van de Apocalyps op het Tapijt van Angers (afbeelding onder) door haar haren strijkt.

Decoratieve kunst
Ook al is de kam er alleen voor om haren te kammen, toch krijgt hij in het oude Egypte de allure van een kunstvoorwerp, zoals dit exemplaar van zo'n 35 eeuwen oud bewijst.

Allerlei toepassingen

De kam is ervoor om vezels uit elkaar te halen en dus ook haren. Hij wordt gebruikt sinds de opkomst van het handwerk van horizontaal weven, zo'n 5000 jaar voor onze jaartelling. De kam was een belangrijk hulpmiddel voor de kaarder, maar in de vorm van een kam met kromme tanden werd hij ook gebruikt om de inslagdraad tegen het weefsel te drukken.
Verder werden vlas en hennep met een zogenoemde hekel gekamd (appreteren) om daarmee de vezels te bevrijden van schors. In de loop der geschiedenis werd de kam ook ontdekt door de boeren, met name de Galliërs; die gebruikten hem om bij het oogsten de korenaren van de halm te trekken.

De boot (rond 8000 v.C.)

De verovering van de zeeën, oceanen en continenten

Vissen, ruilhandel, reizen, oorlog voeren, nieuwe gebieden en hulpbronnen ontdekken... Sinds mensenheugenis hebben volken die aan rivieren of zeekusten wonen, de dringende behoefte gevoeld om het water op te gaan. Dit heeft ertoe geleid dat ze bijna overal tegelijkertijd de boot hebben uitgevonden.

Bijna een ideogram
Deze prehistorische voorstelling van een Scandinavische boot en zijn bemanning (afbeelding boven) geeft weinig informatie over de boot zelf.

De aangeboren behoefte om op expeditie te gaan heeft het menselijke genie vanaf het neolithicum geprikkeld tot bepaalde uitvindingen, zoals dit vlot van de Salomoneilanden (afbeelding links) en deze kano van de Mentawai-archipel in Indonesië (afbeelding onder).

Voor kalme wateren en volle zee...
De boot van gevlochten en aan elkaar gebonden riet, zoals deze Peruviaan met zijn zoon aan het bouwen is, is bestemd voor de vaart op het Titicacameer. De expeditie van de Kon Tiki heeft uitgewezen dat dit soort boot het ook op volle zee uithoudt.

De mensen hebben al heel vroeg simpele bootjes gemaakt met behulp van de materialen binnen hun bereik. Een in Nederland gevonden dennenhouten kano en een in Yorkshire gevonden roeispaan, die beide dateren van 8000 v.C., bewijzen dat er boten waren in de steentijd. Het bevolken van de Pacifische eilanden en Australië dat waarschijnlijk in nog oudere tijden plaatshad, getuigt van een vroege beheersing van de scheepvaart.

Een geoptimaliseerde techniek

De belangrijkste elementen van de romp van een boot zijn de kiel (onderste lengteas die uit meerdere stukken is samengesteld), de voorstevenknie (gekromd stuk hout tussen kiel en boeg) en de boeg (de voorste boegbalk). De achtersteven ('de boeg van het achterschip') ondersteunt twee grote roeispanen aan bak- en stuurboord die dienstdoen als roer. Een dwarsdoorsnede van de romp toont de spanten (die kiel en dekbalken met elkaar verbinden) en de dekbalken die het dek ondersteunen. De eerste boten met een dek waren die van de Feniciërs (pas rond 2000 v.C.). De scheepshuid zit vast op het inhout, het geraamte van de constructie, en vormt de buitenste schil van de romp.

Omkering van de productieprocedures
In de moderne scheepsbouw wordt begonnen met de bodem en de zijkanten van de romp (kiel, boeg, achtersteven en spanten), vervolgens wordt de scheepshuid aangebracht. In de oudheid ging men andersom te werk: eerst werd de scheepshuid geconstrueerd van stukken hout die overnaads met elkaar werden verbonden (net als pannen op een dak) of rand tegen rand met pennen vastgezet, voordat de romp versterkt werd met de daarvoor bestemde elementen. Het kalfateren, een techniek om de naden van het hout dicht te stoppen met teer of pek om de romp waterdicht te maken, is 3000 jaar voor onze jaartelling uitgevonden door de Mesopotamiërs. De eilandbewoners van de Stille Oceaan gebruiken daarvoor op hun beurt het sap van de broodboom.

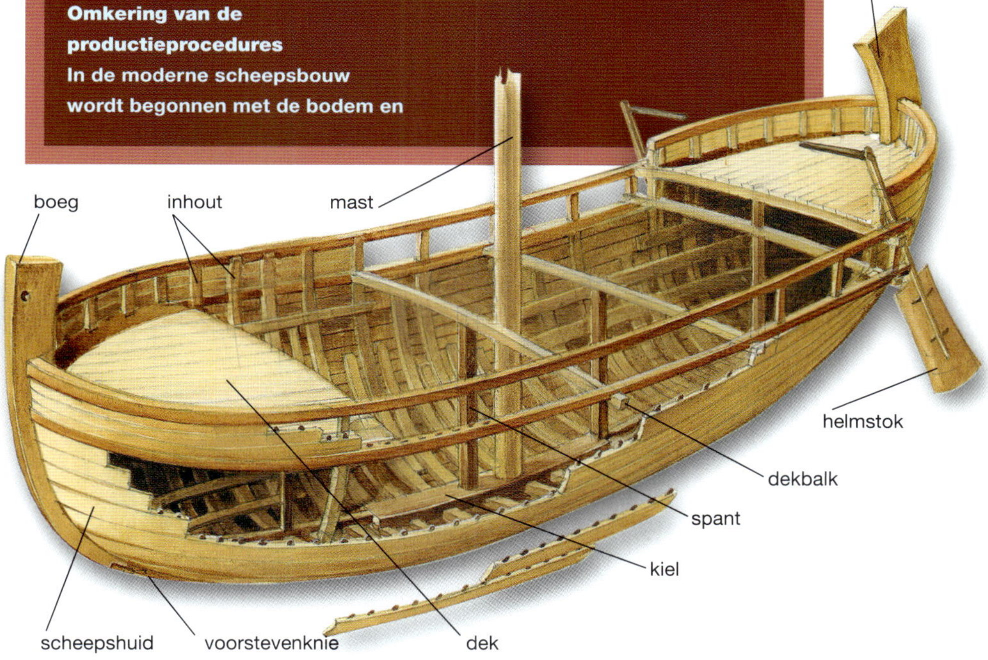

Indeling van de boot in de oudheid
Deze illustratie geeft de belangrijkste delen van de romp weer aan de hand van reconstructies door het Historisch Museum van Marseille, met name aan de hand van Romeinse schepen.

Alleen maar een boomstam

Alles begint met een gewone boomstam waarmee men de rivier af drijft. Er is alleen moeilijk mee te manoeuvreren en hij kan makkelijk omslaan. Met vallen en opstaan leerden de eerste mensen hun uitvinding te perfectioneren door bijvoorbeeld meerdere boomstammen aan elkaar te binden of door stukken hout of bundels riet aan elkaar te maken tot vlotten met een grotere draagkracht. Dan wordt de kano geboren, die nog altijd wordt gebruikt. Aan de hand van de Ierse *curragh* en de kajak van de Eskimo's, die bestaan uit een houten geraamte met daaroverheen boomschors of huiden, kunnen we ons een voorstelling maken van die eerste primitieve bootjes. Vanaf het neolithicum komt het uithollen van boomstammen tot kano's in zwang. De lange, smalle en platte boten worden nog altijd in bepaalde streken gebruikt, zoals in het Amazonegebied, en worden voortbewogen met een vaarboom bij laag water en met peddels bij grotere diepte. Overal waar de boot verschijnt, doet hij een beroep op het vernuft van de mensen en de

***Het zeil werd de natuurlijke 'motor'.** In Egypte werd het zeil in 3000 v.C. toegepast, zonder het gebruik van roeiers meteen overboord te zetten, zoals blijkt uit de muurschildering hierboven. Maar het schijnt bijna uitsluitend gebruikt te zijn op echte zeeschepen. Het kleinere model, bestemd voor de riviervaart (zie rechts), daterend van 1500 v.C., werd dus alleen voortbewogen door roeiers.*

aanwezige hulpmiddelen: bij gebrek aan hout gebruiken de Egyptenaren papyrus van de oevers van de Nijl om hun eerste kano's te maken. In Mesopotamië kan men dankzij het vee op de Tigris en de Eufraat varen met behulp van opgeblazen huiden zakken; aan elkaar gemaakt bieden ze goede steun voor grotere vlotten die zware goederen kunnen transporteren. De ronde Irakese *guffa*, een simpele mand van met teer bestreken huiden of riet, toont eens te meer de oneindige vindingrijkheid van de mens. De Egyptenaren leveren hier een treffend bewijs van door als eersten de scheepsbouw uit te vinden: de ronde paaltjes van het houten vlot worden afgevlakt tot dunne plankjes en vormen zo de scheepshuid, de basis van een romp.

De uitvinding van het zeil

Varen, prima, maar met welke aandrijving? De mensen kenden de roeispaan al, maar ze waren daarna toch in staat de mogelijkheden te raden van een simpele lap stof om de wind in te vangen: het zeil. Het ontstaan van het zeil dateert volgens de bronnen van zo'n 6000 tot 5000 jaar voor onze jaartelling. De bewoners van de Pacifische eilanden beschikten toen al over dubbele kano's, waarbij twee kano's aan elkaar gemaakt waren met stukken hout. Het driehoekig zeil is gemaakt van matten van schors of gevlochten hout; en de roeispanen deden dienst als roer. De ontdekking van een zeilschip in een graftombe van 7000 jaar oud in de Soemerische stad Eridu bevestigt dat het zeil gelijktijdig verschijnt op verschillende plekken op aarde.

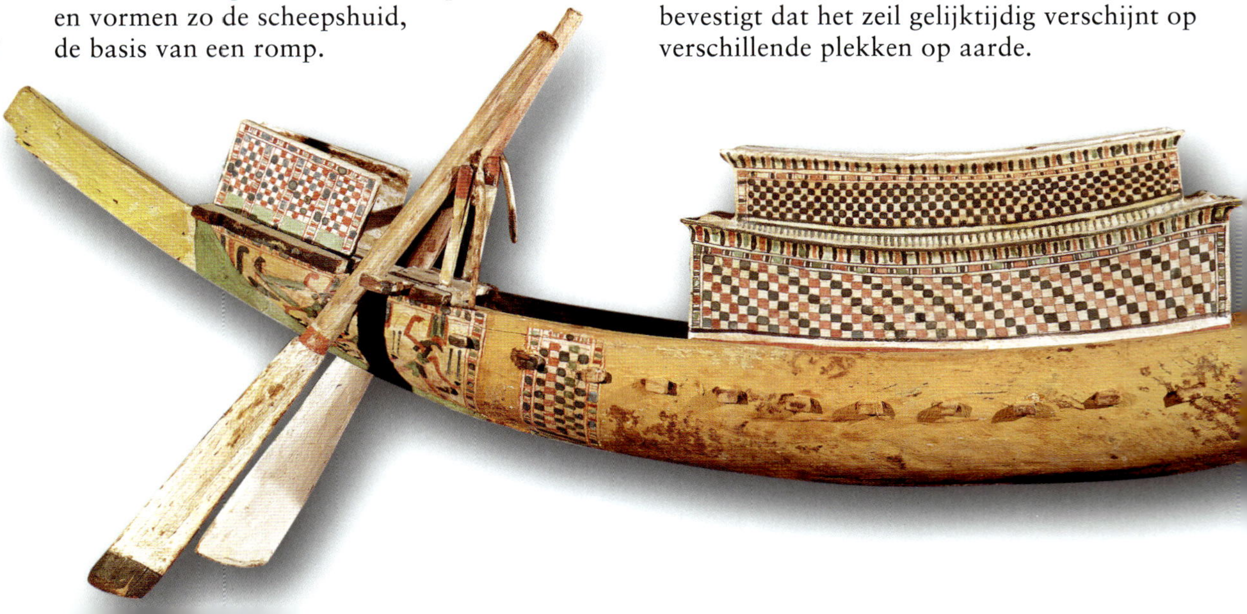

Met zeil of roeispaan?

De lange lage Egyptische boot heeft een voor- en achtersteven die erg omhoogsteken. Zijn enige mast bestaat uit twee palen die aan de top zijn samengebonden; daaraan is een zeil vastgemaakt dat loodrecht op de romp hangt, zodat de boot alleen kan varen met wind van achteren. Twee roeispanen aan de achtersteven doen dienst als roer.

Rond 2500 v.C. kwam met de expedities van Egyptische zeelieden de houtaanvoer voor de scheepsbouw goed op gang en werden er nieuwe oplossingen bedacht. We zien het ontstaan van platbodemrompen van kleine, met pennen verbonden plankjes. De mast wordt voortaan in het midden van de boot geplaatst en heeft één zeil dat even groot is als de lengte van de boot; het is zo beter bestand tegen de wind van volle zee. Het zeil van geweven stof is getuigd met ineengedraaide lijnen die erg sterk zijn. Men vaart met het zeil als er genoeg gunstige wind is, en met roeiers bij tegenwind. De roeiers, eigenlijk slaven, zitten aan weerszijden van het dek, bijna op gelijke hoogte met de waterlijn. De te lichte Egyptische boot is bij zwaar weer echter minder geschikt voor open zee.

Steviger rompen

We moeten wachten tot 1200 v.C. wanneer de Feniciërs rompen bouwen die versterkt zijn met dwarsliggers en een versteviging over de as van de boot, die samengesteld is uit meerdere aan elkaar gemonteerde stukken hout, de kiel. De Fenicische boten, 10 tot 20 m lang, worden 'dikbuikjes' genoemd, vanwege hun buikige vorm. Ze waren veel stabieler en hoefden maar bemand te zijn met drie tot vier man. Ze voeren alleen op zeil, dus hoefden ze 's nachts niet te stoppen om de roeiers te laten uitrusten. De hele handelsvloot van de Middellandse Zee vaart weldra met dit type boot, dat meer dan duizend jaar in gebruik zal blijven. De Romeinen zullen deze boot perfectioneren en hem ruim 30 m lang maken, met een groot zeiloppervlak. Zij zijn de eersten die de romp met loodslabben bekleden om deze te beschermen tegen houtvretende weekdieren.

Van het Fenicisch 'dikbuikje' naar de karveel

De boot van de Feniciërs was moeilijk wendbaar. Schepen die sneller en beter wendbaar zijn hebben we te danken aan de opeenvolgende meesters van de zee, om te beginnen met de Grieken.

NIEUWE HANDELSROUTEN

Als altijd is de handel de aanjager van de culturele uitwisseling tussen de volkeren. Middellandse Zee, Nijl, maar ook Indus (aan de oevers waarvan al vanaf 2350 v.C. een schitterende beschaving bloeide rond de stad Mohenjo-Daro) zijn de grote waterwegen waarover mensen, koopwaar, technische ontdekkingen en culturele invloeden op doorreis zijn.

De aanval op de zeeën

De Egyptenaren, onbetwist meester in de kunst van de riviervaart, openen de aanval op de zee en bereiken de kust van Kreta in 3000 v.C. Ze varen langs de Rode Zeekust, of gaan stroomopwaarts via de Nijl, en steken vervolgens rond 2500 v.C. de Soedanese savannes over. Daar verkennen ze de landen van Koush en Pount (bij het huidige Soedan, Eritrea en Somalië) en beginnen handelsbetrekkingen. Uit deze gebieden halen ze hout, hars, ivoor en goud.

Rond 1300 v.C. laat farao Ramses II een kanaal graven tussen de Middellandse Zee en de Rode Zee. In de 8e eeuw voor onze jaartelling werd de onderneming gestaakt en in de 5e eeuw voor onze jaartelling weer opgenomen door Darius I, die als eerste een kanaal liet graven tussen Nijl en Rode Zee.

Bloei van de handelsbetrekkingen

In de bloeiende stad Oegarit kwamen producten uit het hele Middellandse Zeegebied aan, maar werden ook amber van de Baltische Zee en ijzer uit Cyprus geïmporteerd; met dat laatste maakten ze daar wapens en strijdwagens van waar de stad beroemd om was.

In de 13e eeuw v.C. komt Fenicië op als de grote zeemacht van de mediterrane wereld. Ze openen verscheidene factorijen in Noord-Afrika. Tegen 1000 v.C. varen ze als eersten door de Straat van Gibraltar om in Spanje zilver, lood en tin te halen.

Meesters van de Middellandse Zee *en bezitters van een machtige handelsvloot met schepen zoals deze, te zien op een sarcofaag uit de 2e eeuw (zie afbeelding rechts). Maar de Romeinen hebben de oude principes van aandrijving door windkracht met een zeil niet ontwikkeld. In dezelfde tijd echter hadden de Chinezen het zeil over de as van het schip al uitgevonden (zie afbeelding midden) zodat ze hoger aan de wind konden varen, een principe dat de Europese bootbouwers van de 16e eeuw nog niet kenden (zie afbeelding onder, een gevecht tussen twee galjoenen).*

Zeelieden die rechthoekige zeilen gebruikten, zagen hun mogelijkheden beperkt vanwege het feit dat ze alleen met wind van achteren kunnen varen. Ze moeten wachten tot de 3e eeuw v.C. en de komst van de gaffelzeilen, met een vierkante vorm om dit ongemak het hoofd te bieden. Dit zeil is direct vastgezet over de as van de romp, zodat de hoek van het zeil aangepast kan worden om met zijwind te kunnen varen. Het vierkante zeil leidt tot het driehoekige latijnzeil, dat aan het begin van de middeleeuwen overal rond de Middellandse Zee ingang vindt en nog altijd gebruikt wordt op sommige Arabische boten, zoals de feloeks. Ook buiten het mediterrane gebied zien uitvindingen het daglicht. In Scandinavië vinden de Vikingen, uitstekende zeelieden, in de 8e eeuw een vierkant zeil uit dat op de wind gedraaid kan worden en zo kan profiteren van alle winden.

Boten met steeds meer zeil...

Op hetzelfde ogenblik hebben de Chinezen – die Europese en Arabische zeelieden later versteld zouden doen staan vanwege hun technische knowhow – al schepen met meerdere masten. Zo konden ze het zeiloppervlak vergroten. Bovendien hadden veel jonken zeilen met latten waarmee men de grootte van het zeil kon aanpassen aan de windsterkte.

In de middeleeuwen raken met het intensievere handelsverkeer ook de scheepsbouwtechnieken verspreid en komt het tot een synthese van de verschillende bouwelementen: de driemaster van de 15e eeuw combineert gaffelzeilen en vierkante zeilen al naargelang de wind. In de 19e eeuw zien we het hoogtepunt van deze ontwikkeling met zeiloppervlakken van wel 3000 m^2 bij sommige klippers.

De traditionele helmstok van de Egyptenaren, die niet zo efficiënt was omdat die niet in het verlengde van de as stond, maakt geleidelijk aan plaats voor het roer aan de achtersteven, een uitvinding van de Chi-

nezen in de 1e eeuw v.C., maar die pas eind middeleeuwen ingang vond in Europa. De flanken van de boot komen daardoor vrij. Bovendien is het roer erg efficiënt.

... en hightech

De galeiboten en hun latere varianten (galjassen, galjoten, brigantijnen) blijven tot de 17e eeuw het basismaterieel van de Middellandse Zeevloot. Ze stammen af van Kretenzische en Carthaagse boten en worden met zeil en roeiriemen aangedreven, net als de Griekse triremen, het klassieke model van de lange boot uit de oudheid die ook voor de handel gebruikt werd. Deze grote schepen met een vervaarlijke ramsteven worden aangedreven door meerdere boven elkaar gelegen rijen roeiers, met als extra ondersteuning een of meer vierkante zeilen. In Noord-Europa wordt het grote zeilschip ontwikkeld dat meerdere typen kent: de van oorsprong Saraceense kraak en de kogge. De kraak, zowel oorlogsboot als koopvaardijschip, moet vanaf de 16e eeuw het veld ruimen voor het galjoen, een heel zwaar schip met een logge vorm dat wel heel veilig was, maar moeilijk wendbaar. Dankzij de koortsachtige bedrijvigheid ten gevolge van de grote ontdekkingsreizen werden steeds meer boten voor de lange afstand ontworpen, zoals de karveel, met een groot zeiloppervlak van meerdere typen zeilen aan twee of drie masten, dat alles voor meer snelheid.

Maar deze langeafstandsreizen waren alleen mogelijk met de uitvinding van navigatie-instrumenten: astrolabium (2e eeuw v.C.), kompas (9e eeuw), portulaankaart (13e eeuw) en iets later het zeekompas.

Vanaf de 17e eeuw worden de zeilen steeds meer ontwikkeld voor echte zeeschepen, zoals deze viermasters (afbeelding links) die omstreeks 1850 in twee weken de Atlantische Oceaan overstaken. In het Verre en Nabije Oosten maakten sinds de middeleeuwen boten met driehoekig zeil, zoals deze Egyptische feloeks (zie afbeelding onder), uitsluitend gebruik van de wind.

De eerste zeeslagen

Moeten we uit het feit dat wrakken van oorlogsschepen een zeldzaamheid zijn concluderen dat de zee pas heel laat tot slagveld diende? Zeker niet. Volgens Thucydides (460-400 v.C.) is de trireem, een Griekse galeiboot met zeil en roeiriemen en voorzien van een vervaarlijke ramsteven, uitgevonden door de Korinthische timmerman Aminoklis rond 700 v.C., maar de Egyptenaren hadden allang een oorlogsvloot. De boten, die te bewonderen zijn op de basreliëfs van de tempel van Medinet Habou (rond 1176 v.C.), waarop een zeeslag te zien is tegen de Mensen van de Zee, waarschijnlijk Feniciërs, lijken erg veel op de boten die in dezelfde tijd met meer vredelievende bedoelingen op de Nijl voeren.

Landbouw en veeteelt (8000 v.C.)

Van nomadenbestaan naar permanente vestiging

Met de ontdekking van de eetbare wilde granen aan het begin van het 12e millennium voor onze jaartelling komt er een grote verandering in het levenspatroon van de mens: hij verlaat het zwervend bestaan van jager-verzamelaar en gaat zich wijden aan de landbouw.

Na de laatste ijstijd, ongeveer 9000 jaar voor onze jaartelling, wordt het klimaat van onze planeet geleidelijk warmer, waardoor het plantenleven weer opbloeit, ook tot dan toe zeldzame en onbekende soorten. Wilde granen vinden we vanaf 12 000 voor onze jaartelling met name op de grassteppen van West-Azië, een gebied dat ook wel de 'Vruchtbare Sikkel' wordt genoemd. Vaststaat dat de mens vóór de uitvinding van de echte landbouw zich om zo te zeggen maar hoefde te bukken om de rijpe aren van het veld te plukken. Zodoende zette hij de tradi-

Seizoenrituelen
Een moderne boer zal deze taferelen van het landleven van 2500 jaar geleden zonder moeite herkennen: ploegen, zaaien, oogsten, vervoeren.

De maquette *van deze Egyptische graanschuur dateert van 2000 v.C.*

tie van verzamelaar gewoon voort, die al sinds 50 000 jaar de heersende bestaanswijze was. We kunnen natuurlijk onmogelijk zeggen wanneer de landbouw (met zijn opeenvolgende werkfasen van opsporing van eetbare soorten, winnen en opslaan van granen, bewerken van de grond, zaaien en oogsten) precies ontstaan is. De mensen van het neolithicum hebben er bijna 4000 jaar over gedaan om de graanteelt onder de knie te krijgen en daarmee van een roofeconomie over te stappen op een productie-economie. Er bestaan bewijzen van de eerste oogsten op verscheidene plekken van de wereld tussen het 8e en 6e millennium voor onze jaartelling: men verbouwt gerst en tarwe in het Nabije Oosten, sorghum en gierst in Afrika, maïs in Mexico en Peru. Weinig later doen rijst en gierst hun intrede in China. Vanuit deze bakermatten breidt de landbouw zich gestaag uit. Dit neolithisch 'beschavingsoffensief' (waarin begrepen de ontdekking van de landbouw) breidt zich met de snelheid van gemiddeld 1 km per jaar uit. Zodoende bereiken de verschillende graansoorten uit het Nabije Oosten zo'n 3000 jaar later West-Europa.

Wilde of gecultiveerde graansoorten

Wilde granen hebben aren en zaden die makkelijk loslaten en zich spontaan uitzaaien om de natuurlijke voortplanting te waarborgen. Bovendien brengen deze graansoorten kleine zaden voort, bedekt met een stevig vlies dat hen beschermt en ervoor zorgt dat ze wortel kunnen schieten. Maar deze kenmerken, onbetwiste troeven bij de natuurlijke voortplanting, zijn echt vervelend voor wie graan oogst, verbouwt en consumeert. De mens van het neolithicum moet wel erg veel geduld gehad hebben en opmerkelijk vasthoudend zijn geweest.

De mens-verzamelaar stelde zich in het begin tevreden met die paar korenaren die overbleven. Juist met deze atypische zaden, mutanten, begint hij te kweken. Zonder het te willen en te weten heeft de mens voor de eerste keer genetische selectie toegepast op oude graansoorten. De wilde graansoorten (eenen tweekoren) die werden verbouwd in de Vruchtbare Sikkel en van generatie op generatie werden gemanipuleerd, hebben dus meerdere hybridisaties en transformaties ondergaan. Deze genetische smeltkroes, waarin waarschijnlijk ook kruising met andere graansoorten heeft plaatsgevonden, heeft geleid tot 'naakte' granen zonder vlies, die makkelijker te wannen en te eten waren. Tarwe is op die manier verrijkt en verbeterd tot wel duizenden verschillende variëteiten. Deze gecultiveerde variëteiten bleken veel resistenter, voedzamer (want ze bevatten meer gluten) en makkelijker te oogsten. Daarentegen kunnen ze zich niet langer voortplanten zonder menselijke tussenkomst: om te eten zal de mens de aarde moeten blijven bewerken.

Eeuwenoude sporen *van de vervaardiging van meel. Deze ligger en maalsteen van tussen de 3000 en 4000 jaar voor onze jaartelling zijn gevonden in de Finistère.*

Een nieuw dieet

De mensen van het paleolithicum, jagers op groot wild, zijn hoofdzakelijk vleeseters; die van het neolithicum, die de landbouw ontdekten, maken graan tot het basisbestanddeel van hun voeding en hun voornaamste eiwitbron. Tarwe, gerst en gierst worden eerst rauw gegeten. Bewijzen hiervan zijn gevonden in menselijke resten, want hun tanden vertonen allerlei krassen en schuurplekken die het gevolg zijn van lang kauwen op 'bedekte' granen die moeilijk zijn te ontvliezen. De ontdekking van het koken – voordat de kookpot was uitgevonden, waarschijnlijk rechtstreeks op gloeiende stenen – markeert een beslissende overgang: de verschijning van

Platte broden en gistbrood

Op de weg van gekauwde graankorrels door de verzamelaars naar de vervaardiging van het eerste brood komen we een aantal wezenlijke mijlpalen tegen die de verschillende etappen afbakenen. De eerste mijlpaal is het verkrijgen van 'naakte' tarwe- en gerstekorrels, waardoor ze makkelijker los te slaan zijn uit de aar (dorsen) en het kaf sneller gescheiden wordt van het koren (wannen). De korrels moeten vervolgens vermalen worden tot meel. Van dit al dan niet geroosterd meel dat vermengd wordt met water, kan pap gemaakt worden (toen de eerste kookpotten opdoken) of platte ronde broden worden gekneed, zonder gist, die gewoon op het vuur worden gebakken. De langzame evolutie van de verschillende tarwevariëteiten is ook een hoofdstuk apart in de lange geschiedenis van het brood. Met de geleidelijke genetische veranderingen van de tarwe wordt het rijker aan gluten en krijgt het nieuwe eigenschappen: door de gluten wordt de bloem juist geschikt voor brood, dat wil zeggen voor gerezen brood. De archeologen situeren het ontstaan van gistbrood gewoonlijk in het prefaraonische Egypte, dat het gebruik van de oven al kende. Stel je een boerengezin voor waarin de dochter des huizes die belast is met het maken van platte broden, even iets anders is gaan doen; ze heeft het deeg, dat aangemaakt is met Nijlwater, gewoon in de zon laten staan. Enkele uren later vindt ze een opgezwollen massa die eenmaal gebakken een licht en smakelijk brood oplevert! De natuurlijke gistcellen in het water van de rivier staan bij toeval aan de wieg van het brood. Het zal eeuwenlang het basisvoedsel blijven voor de meeste mensen.

Twee Egyptische bakkersknechten malen maïs voor de vervaardiging van brood (2000 v.C.).

suikers. De voedingswaarde van graangewassen werd er aanzienlijk door vergroot, want deze suikers worden makkelijker opgenomen in de darmen, terwijl de verteringsenzymen grote moeite hebben met ruw zetmeel. Het bewijs hiervan wordt opnieuw geleverd door menselijke skeletten: wanneer graankorrels geroosterd worden, is de afslijting van de tanden minder... maar tevens vinden we de eerste tekenen van cariës, die trouwe metgezel van suiker! De verscheidenheid in ons voedingspatroon is direct verbonden met de verbetering van de landbouwmethoden. De graanteelt wordt sinds 7000 v.C. in het Midden-Oosten aangevuld met de teelt van peulvruchten. In Anatolië en later in Europa gaat de mens tarwe met linzen, en later erwten eten. In China wordt gierst en rijst verbouwd; in Midden-Amerika wordt het maïsdieet aangevuld met aardappels en tomaten.

Een dorp in Ethiopië, dat erg veel lijkt op de dorpen aan het begin van onze landbouwgeschiedenis (zie afbeelding onder).

Het gevolg van deze vernieuwingen is een gevarieerder en ook gewilder voeding. Vanaf 7000 v.C. verschijnen de eerste aardewerken potten, eerst in Anatolië en het Midden-Oosten, waardoor het voedsel gekookt en bewaard kan worden.

Op weg naar permanente vestiging

De mogelijkheid de oogsten van het ene op het andere seizoen te programmeren heeft de levenswijze van de mensen radicaal veranderd, ook al weten we niet precies wat de paleolithische jagers van hun traditionele patroon heeft afgebracht: het schaars worden van groot wild, of plotselinge bevolkingsaanwas ten gevolge van klimaatverandering. Overal heeft de overgang naar een gevestigd bestaan geleid tot een sterke bevolkingsaanwas. De mensen hergroeperen zich in gemeenschappen, vervolgens in dorpen. Tijdens

WATERBEHEER

Het in cultuur brengen en uitbreiden van landbouwgronden vergt de nodige ingewikkelde maatregelen (ontginning, ploegen, opslag van graan voor het volgende jaar), wat alleen maar goed kan verlopen met een krachtige collectieve organisatie. De eerste nederzettingen vinden we op de gunstigste plekken in de buurt van rivieren waar de alluviale gronden erg geschikt zijn voor landbouw. Toch blijft akkerbouw gedurende de vele duizenden jaren een heikele aangelegenheid: aanhoudende droogte, een overstroming, en er is al hongersnood. Al heel snel kreeg men door dat de gemeenschap alleen kon overleven met een goed waterbeheer. In het Midden-Oosten, waar de aanwezigheid van de Eufraat en Tigris gunstig waren voor permanente vestiging, zorgden de pas ontstane stadstaten voor een verdelingssysteem van het water; waarschijnlijk is de omlegging van een rivierarm de eerste vorm van bevloeiing geweest. Vanaf het begin van het 3e millennium voor onze jaartelling konden de Mesopotamiërs terrassen, draineergeulen en irrigatiekanalen met waterschuiven ontwerpen en aanleggen. In Egypte construeerden ze kunstmatige opvangbekkens om het landbouwoppervlak te vergroten. Later zou met de exploitatie van de Noord-Afrikaanse provincies onder Romeinse overheersing de irrigatie daar algemeen ingang vinden. In Noord-China legden ze terrassen aan in de lössgronden van de Gele Rivier om de gewassen te beschermen tegen hoogwater.

die ontwikkeling worden de dorpen steden, stadstaten en vervolgens koninkrijken, die een organisatie vereisen, en dus een regering.

De mens zegt het nomadenbestaan vaarwel als hij een stukje bouwland heeft. Vanwege meer afwisseling in zijn voedingspatroon ziet hij af van de wisselvalligheden van zijn verplaatsingen en ontwikkelt mettertijd een systeem van gevarieerde teeltwijzen van granen, peulvruchten, oliehoudende planten, kruiden en planten met veel vezels of kleurstoffen. Met het oog op toekomstige oogsten

Ver van de technologische vooruitgang die de landbouw van de 19e eeuw totaal heeft veranderd, zijn er nog veel gebieden in de wereld die het moeten hebben van oude methoden: deze Egyptische graanschuur van 4000 jaar geleden (zie afbeelding rechts) zou niet uit de toon vallen naast de rijstvelden in China (zie afbeelding boven) of in dit bevloeiingstafereel in Soedan (zie afbeelding links).

Inscheping en transport van runderen per boot over de Nijl, 45 eeuwen geleden in Egypte.

verbetert hij zijn landbouwwerktuigen: sikkels, hakken, maalstenen. Hij bouwt voorraadschuren en silo's voor de opslag van graan voor tijden van schaarste. Hij vervaardigt tevens potten en pannen om zijn voedsel in te kunnen bereiden.

De domesticatie van dieren

Omdat de mens niet al te lang weg kan blijven om te jagen, gaat hij dieren dicht bij huis houden; de veeteelt komt op gang.

We zien de eerste vormen van veeteelt waarschijnlijk tegen het midden van het 9e millennium voor onze jaartelling in het Nabije Oosten. Het gaat hierbij om een simpele omheining rond een troep geiten of wilde schapen waarvan men de melk en het vlees gebruikt en de wol scheert. De domesticatie van geiten en schapen gaat in Mesopotamië vooraf aan die van het varken (7000 v.C.) en het rund (6500 v.C.).

Het schijnt echter dat de mens al heel vroeg in zijn geschiedenis geprobeerd heeft dieren te domesticeren voor andere doeleinden dan hun consumptie. Als eerste zou de hond zijn aandacht getrokken hebben. Al in het 9e millennium voor onze jaartelling, misschien zelfs eerder, werden in Noord-Amerika (in het huidige Idaho) honden gefokt uit jakhalzen, coyotes en wolven om de mens te helpen bij de jacht. In het Nabije Oosten brengt de domesticatie van het rund grote vooruitgang in de landbouw, want met de uitvinding van de ploeg (3000 v.C.) wordt het rund een trekdier. In dezelfde tijd weten de Chinezen aan de andere kant van het continent de moerbeiboom te cultiveren en de zijderups te kweken; in Egypte houdt men dan bijen en in de Andes van Zuid-Amerika worden lama's tot huisdier gemaakt. Paradoxaal genoeg moeten we nog eens duizend jaar wachten totdat de mensen van de Oekraïense steppen het wilde paard weten te temmen.

De kip, een late verrukking

De kip, dit alomtegenwoordige pluimvee, is een van de laatste dieren die werden gefokt. In Egypte wordt ze pas aan het einde van de 13e eeuw voor onze jaartelling ontdekt; ze wordt daar 'vogel-met-het-witte-vlees' genoemd. Egypte heeft de kip uit Syrië, dat het op zijn beurt kort daarvoor heeft ingevoerd vanuit India, waar de kip al in de 15e eeuw voor onze jaartelling een huisdier was.

Domesticatie of niet? *Werd het hert lang geleden al gedomesticeerd? Dat is de vraag bij het zien van dit 4000 jaar oude hoogreliëf uit Mesopotamië.*

De invloed van de mens, toen al!

Bij de selectie van groepen dieren heeft de mens direct ingegrepen in de verandering en zelfs de verdwijning van bepaalde diersoorten. Uitgaande van de wolf, voorouder van alle hondachtigen, heeft hij de dashond, chihuahua en keeshond gemaakt. Maar hij heeft bijgedragen aan de algehele verdwijning van de dwergolifant die 3000 jaar geleden in Noord-Afrika leefde, en het dwergnijlpaard in Zuid-Frankrijk, zo'n 10 000 jaar geleden.

Asfalt
(7000 v.C.)

Deze bokaal van asfalt (2000 v.C.) uit Elam (het huidige Zuidwest-Iran) is bijna helemaal intact gebleven.

De inwoners van het Nabije Oosten begrepen al heel vroeg hoe ze hun voordeel konden doen met asfalt, een mengsel van meer of minder vaste koolwaterstoffen dat in grote hoeveelheden overal voorkwam waar aardoliehoudende rotsen aan de oppervlakte kwamen. Op meerdere plaatsen in het Midden-Oosten ligt het gewoon voor het oprapen, met name op de rechteroever van de Eufraat dicht bij de Soemerische stad Hit, op de eilanden van Bahrein en aan de oevers van de Dode Zee, dat door de Grieken ook wel Asfaltmeer werd genoemd. De mensen in de oudheid gebruikten het zowel in vaste vorm, tot koeken samengeperst voor transport, als in viskeuze en vloeibare toestand, nafta genoemd (naar het Akkadische woord *naptu*), verpakt in leren zakken en in kruiken.

Allerlei toepassingen

De veelheid aan toepassingen van asfalt geeft aan hoe belangrijk het was voor de Mesopotamiërs en Egyptenaren. De laatsten hebben het voornamelijk gebruikt bij het mummificatieproces van lijken, maar de Mesopotamiërs hebben er allerlei andere mogelijkheden voor gevonden. Het werd bijvoorbeeld in lagen gebruikt voor het voegen van straatstenen van belangrijke processierouten of om daken, terrassen en muurfunderingen, maar ook potten en kruiken ondoorlaatbaar voor water te maken. Asfalt kwam ook goed van pas bij het kalfateren van boten, met name die van riet, zoals nog altijd gedaan wordt door de Moerasarabieren van Irak. In de Mesopotamische farmacie wordt het, gemengd met andere substanties, gebruikt als afleidend brijomslag in geval van reumatische aandoeningen en longontstekingen; dit recept overleefde de Arabische overheersing van het Oosten. De Soemerische en Egyptische kunstenaars waardeerden het ten slotte als kit voor inlegwerk van bot, parelmoer, ivoor en edelsteen op meubels en beelden. Tegenwoordig wordt het nog steeds gebruikt als kleurstof voor meubelhout en als afdekmiddel voor koperetsen.

Asfalt en fotografie

Natuurlijk asfalt, ook wel 'Asfalt van Judea' genoemd, staat aan het begin van de fotografie. Nicéphore Nièpce maakte in 1822 de eerste foto met behulp van een glasplaat die ingesmeerd was met dit asfalt (dat bleek wordt onder zonlicht) en die hij achter in een donkere kamer plaatste met een rond gaatje als lens.

Het kalfateren van een boot met asfalt, zoals het tegenwoordig nog in Jamaica (en elders) gedaan wordt.

De eerste kunstuitingen

Het avontuur der vormen

De paleontologie bevestigt dat de mens al van oudsher zijn lichaam heeft willen versieren. Bovendien verfraaide hij zijn woonomgeving en rituele en ceremoniële plaatsen. Daartoe heeft hij talloze siervoorwerpen gemaakt en allerlei afbeeldingen uitgewerkt op diverse ondergronden. Deze torenhoge productie staat aan het begin van wat veel later bekend zou worden als kunst.

Zo'n 30 000 jaar geleden wordt in Grimaldi (Italië) iemand begraven door zijn stamgenoten. Het lichaam is versierd en het hoofd is met een netje van kleine schelpjes bedekt. Hij is met zorg in een greppel gelegd. Vervolgens is hij overdekt met rode oker en om hem heen worden geschenken, werktuigen en wapens gelegd. Bij de ontdekking van dit graf vonden de archeologen de schedel waarop de schelpjes nog altijd lagen in het patroon van het netwerk. In dezelfde tijd wordt de man van Sounguir begraven in Wit-Rusland met kleren die versierd zijn met een grote hoeveelheid kleine doorboorde schijfjes van mammoetivoor. De kleren hebben de tand des tijds niet overleefd, maar de schijfjes liggen nog allemaal op hun plaats op het skelet, van de kap tot aan de wanten, van het jasje tot aan de schoenen, als een eeuwige versiering.

Siervoorwerpen
Deze botfragmenten en schelpjes (zie links) zijn van het halssnoer van een onbekende schone uit het dal van de Marne, van begin neolithicum. En deze gouden sieraden (zie onder) behoren tot de uitdossing van een rijke Soemerische uit Ur, 1500 jaar voor onze jaartelling.

Lichaamstatoeage
Deze Colombiaanse stempel om het lichaam mee te versieren dateert van 24 eeuwen geleden.

Versiering versierd

Ook al is er een 75 000 jaar oud snoer met schelpjes gevonden in een grot in Zuid-Afrika, toch zijn de meeste paleontologen het erover eens dat we pas kunnen spreken van algemeen gebruik van sieraden vanaf het einde van het midden-paleolithicum, met de laatste neanderthalers en de cro-magnonmensen. Deze mensen versierden hun lichaam met tekens in natuurlijke pigmenten. Ze kozen voor schelpjes, diertanden of stenen aan hangers, aan hun kleding of in hun kapsel. Pas in het laat-paleolithicum komt deze eerste vorm van cosmetica echt tot bloei, een vooraankondiging van de rituele tekeningen van veel volkeren en onze smaak voor make-up en versiering. De mensen bevestigen op die manier hun culturele identiteit, met een verwijzing naar hun stam, hun familie, hun maatschappelijke statuur. Enkele duizenden jaren later worden koper en goud omgesmeed tot parels, naalden en ringen; ook glas wordt ornament, en geleidelijk aan wordt het sieraad in heel de wereld fijnzinniger en rijker.

Grotkunst

Al in de prehistorie hebben mensen zich met toortsen in grotten gewaagd. Het traject is ruig, soms gevaarlijk. De gangen zijn nauw. Waar ze erg laag zijn, moet je kruipen om erdoor te kunnen. Enkelen zijn doorgedrongen in de grot van Niaux. Een van hen, een handwerker-kunstenaar, stopt voor de kale wand. Hij belicht de wand van alle kanten. De aanblik van de rots verandert voortdurend in dit spel van licht en schaduw. Hij staat lang stil bij een precieze plek. Hij heeft daar een kleine holte ontdekt die ternauwernood verlicht wordt door de vlam. Hij taxeert de beschikbare oppervlakte en bekijkt de oneffenheden uitvoerig. Daar gaat hij zijn tekening maken.

Het paard van Lascaux
De grotschilderkunst zoals die prachtige fresco in de grot van Lascaux (15 000 v.C.) heeft zeker een magische functie die voor ons niet duidelijk is.

De kunst van het mysterie

Lange tijd werd grotkunst gezien als louter decoratieve kunst. Totdat men lijnen ging trekken tussen de verschillende vindplaatsen, wat aanleiding gaf tot nieuwe hypothesen. De vele voorstellingen van dieren werden in het begin geïnterpreteerd als een middel tot 'overheersing', ofwel als een manier om de afgebeelde dieren te betoveren en zich te verzekeren van hun vangst tijdens de jacht. Verder onderzoek heeft deze interpretatie als incorrect uit de boeken geschrapt voor bijna alle gevallen. Van Lascaux bijvoorbeeld weten we dat de mensen voornamelijk op rendieren jaagden en deze aten. Maar de grottekeningen laten bijna uitsluitend herten zien en slechts één enkel rendier. De grotkunst is een mysteriekunst, een kunst van licht en donker, gereserveerd voor de uitverkorene aan wie ze zich openbaart. Men denkt hierbij aan religieuze en magische ceremonies waarvan we de diepere zin niet kennen, omdat we het culturele systeem van die mensen nog niet hebben ontcijferd.

De handen van de grot *van Las Manos (achtergrond bladzijde) lijken ons iets te willen zeggen, maar wat? Dat is het mysterie van de grotkunst.*

Hij ziet geen gat meer, maar een oog. Met een trefzekere beweging graveert hij met zijn stenen burijn rond de holte de kop van een bizon. Zo'n 30 000 jaar later kijkt een verrassend moderne bizon ons vanuit zijn ooghoeken aan. De ondergrond is met zorg gekozen vanwege de plaats in de grot of de bijzonderheden van de rots. Om sommige tekeningen goed uit te laten komen en ze een zeker reliëf te geven, wordt de wand van tevoren geschraapt. Soms wordt de contour van de tekening zelf door afkrabben uitgedekt.

Sinds de ontdekking van de grotten uit het magdalénien in Lascaux (Frankrijk), die dateren van ongeveer 15 000 v.C., of Altamira (Spanje) was Europa de belangrijkste vindplaats van grotkunst, totdat in de jaren zeventig van de vorige eeuw een zekere Michel Siffre in Poxté, Joveltè, Pusilha en Canchacan (Midden-Amerika) fascinerende grotten vond. De horizon van de prehistorie werd steeds breder, omdat onderzoekingen van nieuwe vindplaatsen, zoals de grot van Chauvet, uitwezen dat al vóór het Magdalénien, zo'n 30 000 jaar geleden, mensen bewezen te beschikken over uitzonderlijk kunstzinnig talent.

Behendige graveurs *Oud is het zeker (14 000 v.C.), maar waar het echt om draait bij dit in het magdalénien gegraveerde stuk rendiergewei is het onmiskenbare talent van de graveur (zie onder).*

Het schilderavontuur begint

Kunstenaars vinden water- en olieverf uit door toevoeging van water of dierlijk vet aan de te binden pigmenten. Ze bedenken het doezelen en geleidelijk vervagen van kleuren om meer diepte en nuance aan hun voorstellingen te geven. Ze weten zelfs een zekere mate van perspectief te bewerkstelligen door verscheidene tekeningen van dieren over elkaar te schuiven, een procedé dat tevens het effect van grote aantallen en beweging oproept. De vele handen in negatiefeffect op de grotwanden zijn er het bewijs van dat ze de sjabloontechniek beheersten. Dezelfde technieken komen we ook in het Magdalénien tegen, maar dan meer uitgewerkt. Vinger, hand, penseel, tamponneerkwast van bont en... mond, allemaal gereedschappen voor het aanbrengen van mono- en polychrome kleuren. De natte verf wordt met de mond verneveld, en dat met een meesterschap die doet denken aan de hedendaagse methoden van de verfspuit, spuitbus en graffiti.

Wat de grotten van Lascaux en Altamira zo bijzonder maakt zijn de grote afmetingen van sommige tekeningen – 4 m lang voor de zogenoemde koe 'met de kraag' – en het feit dat ze op de meest onmogelijke plekken zijn geschilderd. In Lascaux zijn zeventien sporen van steigerwerk gevonden in de rotsholten. Hoewel de tekeningen in ongemakkelijke posities geschilderd moeten zijn, is hiervan niets te merken in de trefzekerheid van de lijnvoering.

Een spel van kleurstoffen

De grotschilderingen hebben een heel kleurengamma tussen zwart en wit, en bruin, rood en geel. Onderzoek van de vele kleurrestanten die gevonden zijn in Lascaux op de rotswanden, in napjes, in mortieren en op paletten heeft de kennis van de door de schilders gebruikte technieken enorm vooruitgeholpen. Men heeft ruim honderd verschillende zwarten ontdekt, met name van mangaanoxide dat gemengd met andere mineralen een gamma aan kleuren oplevert, variërend van olijfgrijs tot diepzwart. De gele kleuren komen van oker, een mix van klei en ijzeroxide; daarvan vinden we een rijk scala, van bleekgeel tot chocoladebruin. Rode kleuren komen van gebrande gele oker. En wat wit betreft: dat komt van kaolien, een witte klei. De grove pigmenten worden met ronde stenen vermalen in rotsholten of met dierbotten in grote schelpen. De poeders worden eerst vermengd met andere pigmenten van mineralen of planten, of met beenderas. Als laatste wordt het bindmiddel toegevoegd: water of vet.

Beeldhouwwerk en de menselijke voorstelling

In Europa lijkt de grotschilderkunst meer tot ontwikkeling te zijn gekomen dan de beeldhouwkunst. De grotten hebben een paar prachtige, in klei gemodelleerde beesten opgeleverd, zoals de bizons van Le Tuc d'Audoubert, en met name de eerste vrouwenbeeldjes, de Venussen, kleine erg gestileerde beeldjes die in heel Europa gevonden zijn. Er zijn ook basreliëfs van dieren en gebeeldhouwde werktuigen gevonden in zowel Europa als Midden-Amerika, zoals aandrijfhouten.

De opkomst van de beeldhouwkunst valt samen met de koperen en bronzen steenhouwwerktuigen van de Egyptische en Soemerische beschavingen. De puntbeitel, gewone beitel en boorbeitel, die toen gemaakt werden, zijn sindsdien nauwelijks veranderd. In Mesopotamië moeten de beeldhouwers heel veel obstakels overwinnen. Steen is er erg zeldzaam en in sommige gebieden vind je zelfs helemaal geen steen, maar toch zijn er waarschijnlijk met de boot enorme blokken getransporteerd naar locaties waar monumenten moesten verschijnen. De beeldhouwkunst wordt in die tijd verrijkt met een nieuw realisme van taferelen met dieren en mensen. De beeldhouwwerken, die soms versierd zijn met schelpen of halfedelstenen, zijn bestemd als geschenk voor de tempel of ter versiering van de stadspaleizen.

Kunst in dienst van vruchtbaarheid
Dit zwaarlijvige figuurtje zal de mens van nu enigszins verontrusten, maar de Venus van Willendorf (30 000 v.C.) was vroeger het zinnebeeld van voorspoed en overvloed (zie afbeelding linksboven).

Denkbeeldig museum
Menig hedendaags kunstenaar zou aanspraak willen maken op de stilering van dit aardewerken kattenkopje van het laat-neolithicum, begin bronstijd (zie afbeelding links).

De met snijwerk versierde stok van rendiergewei *(zie afbeelding rechts), van 14 000 voor onze jaartelling, getuigt niet alleen van een meesterhand, maar ook van goede smaak. Maar we weten niet waarvoor hij gebruikt werd.*

***Stilering** is wat alle oude culturen in hun kunstuitingen toepassen, zoals blijkt uit dit beeldje van een vrouw die haar kind de borst geeft, uit het Jaliscotijdvak (Midden-Amerika, begin van onze jaartelling).*

***Kunst en dagelijks leven zijn één** Deze muurschildering van begin Nieuwe Rijk (rond 1500 v.C.) geeft een groep Egyptische muzikanten weer* *(blz. 65).*

***Dit blauwe aardewerk** met lotus is Egyptisch en dateert van de 14e eeuw v.C. (afbeelding onder).*

Keramiek wordt kunst

Keramische kunst, ofwel de kunst van gebakken klei, is er al in het 11e millennium voor onze jaartelling in Japan, daarna in het 7e millennium voor onze jaartelling in Soemerië en Afrika. Met de glazuurtechniek – glazuur is een mengsel van klei en een loodmineraal of kalium- of natriumsilicaat – geraakt het aardewerk aan het einde van het 4e millennium voor onze jaartelling in Egypte en later in Mesopotamië in een technologische stroomversnelling. Vanaf dan zijn de geglazuurde potten niet meer poreus. Kunstenaars krijgen tevens de beschikking over nieuwe decoratietechnieken.

Van glazuur naar glas is maar een kleine stap. Van glazuurdruppels gaan de pottenbakkers parels, staafjes of andere snuisterijen maken die als versiering kunnen dienen, eerst voor vrouwen, later als opsmuk voor in het graf. Met de uitvinding van volmaakt transparant glas tegen 1500 v.C. kunnen vazen en flacons gemaakt worden en wordt de weg geëffend voor een kunstzinnige bezigheid van duizenden en duizenden jaren.

Steeds meer hightech

De kunstzinnige technieken worden op de meest diverse terreinen ingezet, van de bouwkunst tot de metallurgie, en van het mozaïek tot het bronsgieten. De Soemeriërs ontwikkelen zo'n 6000 jaar geleden een techniek ter versiering van hun bouwwerken: het polychrome mozaïek. Oorspronkelijk was het de bedoeling om de tere bakstenen van gedroogde klei te beschermen tegen water door ze te bedekken met aardewerken kegels. De indeling van deze kegels vormt geometrische patronen waarvan sommige geïnspireerd zijn op gevlochten matten en weefsels die als wandbekleding fungeerden.

Een Indiaas bronzen beeldje, de danseres van Mohenjo-Daro, staat bekend als het oudste afgietsel volgens de cire perduemethode.

In het Midden-Oosten heeft de aantrekkingskracht van mooie spullen, sieraden en kostbare beeldjes de metaalsmelters doen zoeken naar een gietmethode voor heel fijn werk. Zo is rond 3000 v.C. de cire perduetechniek van bronsgieten ontstaan, die nog altijd wordt toegepast bij de vervaardiging van kleine stukken.

De eerste muziekinstrumenten

De muziek is even oud als de mens zelf. Haar tonen prikkelen het gemoed of brengen het tot rust. We weten niet wanneer de muziekinstrumenten ontstaan zijn, maar in het magdalénien (aan het einde van het laat-paleolithicum) bestonden er al kalebassen die gevuld waren met zaden om mee te schudden, raspen (een soort güiro's) waarover men met een stokje of bot krabde voor een ratelend geluid, een soort snorhouten die snel rondgedraaid werden aan een leren lijn en fluitjes van been. Veel van deze instrumenten bestaan nu nog: de met zaden gevulde kalebassen heten nu sambaballen.

Uit het fluitje werd in het neolithicum de fluit geboren, meestal gesneden uit riet maar soms ook uit een lang bot of zelfs van aardewerk. Tevens zien we de verschijning van de spleettrom (een boomstam die via een spleet is uitgehold), trommels van huiden gespannen over uitgeholde stammen en de voorloper van de xylofoon (stukken hout van verschillende dikte die zwaardere of lichtere tonen produceren), en in Azië stukken dikke bamboe die met een steen werden aangeslagen om eenzelfde xylofooneffect te krijgen. In dezelfde tijd verschijnt de muziekboog van een gespannen riet waarvan men een uiteinde in de mond neemt die als klankkast dienstdoet, een soort mondharp dus. Uit dit instrument ontstaan de primitieve citers met meerdere snaren, instrumenten die geheel ontbreken bij de oude beschavingen van de beide Amerika's.

HEBBEN DIEREN GEVOEL VOOR ESTHETIEK?

Het beroemdste voorbeeld van het bestaan van esthetisch gevoel bij dieren is dat van een vogel uit Zuidoost-Azië, de prieelvogel. Om het vrouwtje te verleiden moet hij zijn nest, dat op de grond ligt, versieren met zoveel mogelijk blauwe dingen: bloemen, vlinders, veren van andere vogels, enzovoort. Voor de vogel met zijn hofmakerijen begint, nodigt hij het uitverkoren vrouwtje uit om te komen kijken. Als het correct is versierd, mag hij een stapje verdergaan. Om te verifiëren of dit merkwaardige gedrag inderdaad is zoals de ethologen dachten, hebben ze het volgende experiment uitgevoerd: toen het mannetje zijn nest verlaten had om het vrouwtje uit te nodigen voor een bezoek, haalden ze alle blauwe dingen weg en vervingen die door rode. Toen het vrouwtje het nest bezocht, begon ze ruzie te maken en ging ze ervandoor. Blauw was dus inderdaad de kleur van de afspraak.

Egypte, bakermat van muziek en dans

Er zijn van het oude Egypte partituren noch muziektheorieën overgeleverd. Maar het grote aantal afbeeldingen met instrumenten en muzikanten wijst erop dat muziek, zang en dans een belangrijke plaats innamen in het dagelijkse en religieuze leven. In het Oude Rijk heeft muziek een puur huiselijke functie en bereikt een zekere mate van verfijning. In het Middenrijk gaat ze ook een rol spelen in de godencultus. Het instrumentarium wordt gevarieerder en er verschijnen muziekensembles. Het priesterorkest begeleidt de tempelriten en het naar buiten dragen van de godheid. In het koninklijk paleis omringt de farao zich met de beste musici, die hofmuziek componeren en vertolken. Sommige van hen bereiken een benijdenswaardige rang en mogen hun eigen grafmonument laten bouwen. Koufouankh, 'zanger, koordirigent en fluitist aan het hof' tijdens de 5e dynastie, krijgt vlak bij de piramide van Gizeh zijn eigen graftombe. In aparte ruimten die tegen het paleis zijn aangebouwd en op gespecialiseerde scholen wordt muziekles gegeven. Adellijke families hebben vaak ook een eigen huisorkestje met dansers voor feestjes en partijen. Maar muziek is niet alleen voorbehouden aan de gegoede klassen! Ze speelt ook een rol in het dagelijks werk, bij familiefeestjes en in het militaire leven. Er zijn talloze voorstellingen van muziektaferelen: herder met fluit; jachttafereel waarbij vrouwen met een tamboerijn vogels opschrikken; en muzikanten en zangers die de graanoogst en druivenpluk begeleiden.

Aardewerk (7000 v.C.)

Van klei tot keramiek

Aardewerk, ofwel keramiek zoals de archeologen zeggen, heeft niet één oorsprong: ze is op verschillende, van elkaar onafhankelijke plekken gelijktijdig uitgevonden. Vervolgens heeft ze zich vanuit die eerste centra over de wereld verspreid.

Vormen die het goed doen
Al in het neolithicum ontwikkelen de pottenbakkers weldoordachte vormen die nog altijd gangbaar zijn, zoals deze manchetflessen van 4000 jaar geleden.

Kneedbaar materiaal
De plasticiteit van klei werd spontaan uitgebuit door de eerste keramisten. In de afbeelding rechts ziet u Japans keramiek van het einde van het 1e millennium voor onze jaartelling.

De eerste door de mens gemaakte voorwerpen van klei waren niet voor dagelijks gebruik bestemd. De opgegraven beeldjes en figuurtjes, die zo'n 10 000 jaar aan het oorspronkelijke aardewerk voorafgingen, doen vermoeden dat gebakken klei in die eerste tijden diende ter ondersteuning van bepaalde rituelen.

Gewoonlijk worden onder aardewerk al die gebruiksvoorwerpen en potten verstaan die de mens dagelijks gebruikt voor de opslag van levensmiddelen, het vervoer van voedsel en de bereiding daarvan.

Dit aardewerk van de oudste tijden is dus sterk verbonden met een sedentaire levenswijze en met voeding op basis van planten, vloeistoffen en gekookte graanproducten.

De oorsprong van het aardewerk

Archeologen hebben lang gedacht dat aardewerk omstreeks 7000 v.C. in Mesopotamië ontstaan is en dat het natuurlijk volgde uit de overgang van de jacht naar landbouw en veeteelt. Maar dit is zeker niet overal het geval gebleken. In Japan bestond het al lang vóór de landbouw, namelijk tijdens de oude Jomonbeschaving, die in het 12e millennium voor onze jaartelling al aardewerk kende.

De vissers-verzamelaars van de Jomon kregen rond 10 000 v.C. een sedentaire levenswijze in gemeenschappen en zelfs dorpen. Ze voedden zich met planten; waarschijnlijk hebben de eerste aardewerken potten, naast gevlochten manden, gediend voor de opslag van vergaarde voedingswaren. Het talrijke Jomonaardewerk is versierd met touwafdrukken in de natte klei. Het is in heel Japan teruggevonden, maar de eerste potten werden op de zuidelijke eilanden (Kyushu) gemaakt.

In dezelfde tijd ontdekten de neolithische Saharamensen de aardewerktechnieken. De vele overblijfselen zijn een aanwijzing van hoe uitgebreid het gebied is waar dit primitieve aardewerk van de nomadische verzamelaars van granen gevonden is. Ook in de Caraïben en in het noorden van Zuid-Amerika zien we aardewerk verschijnen, maar wel veel later (3000 v.C.) en ook hier is dit het werk van jagers-verzamelaars, en niet van sedentaire landbouwers. In het Midden-Oosten verschijnt aardewerk pas met de permanente vestiging en de ontwikkeling van de landbouw.

Aardewerk verovert heel Europa via twee totaal verschillende routen. De eerste vertrekt uit Anatolië en volgt de Donau, waar de kwalitatief hoogstaande bandkeramiek wordt ontwikkeld die gekenmerkt wordt door simpele vormen met een decoratie van linten en banden.

De tweede route verbindt de Levant met de Franse en Spaanse Middellandse Zeekusten; dit is de wereld van de cardiaal-impressokeramiek, dat wil zeggen aardewerk met een decoratie van in de natte klei gestempelde schelpafdrukken. De cardiaalkeramiek is vanaf het begin van het 6e millennium v.C. vooral in Frankrijk tot ver in het binnenland doorgedrongen, maar ook in heel Italië, terwijl de bandkeramiek 700 jaar later ook Nederland bereikt.

Een materiaal waar je niet omheen kunt

Alle aardewerk van de wereld vindt haar oorsprong in één en dezelfde grondstof: klei. Klei is meer of minder plastisch – dus makkelijk te bewerken – en bevat meer of minder andere materialen, zoals kalk en mineraaloxiden. Klei kan worden gemodelleerd en bewerkt, gedroogd en gebakken.

Koel, helder water

Door de poreuze scherf van ongeglazuurd aardewerk kan de vloeistof verdampen, waardoor die drie tot vier graden in temperatuur daalt. Bovendien worden onzuiverheden weggefilterd. Van deze eigenschappen – die van aardewerk vroeger een ongekende luxe maakten – wordt nog altijd gebruikgemaakt in talloze warme landen waar ze 'gargoulettes' of koelkruiken (met water gevulde poreuze kruiken) op de vensterbank zetten.

Een eeuwenoude handeling
Vorm en techniek zijn met de tijd nauwelijks veranderd. De potten die deze Afrikanen nu nog maken en bakken (afbeelding links en onder) zien er hetzelfde uit als het hangende Donau-aardewerk uit het neolithicum (zie afbeelding boven).

De keus van de juiste kleisoort is van cruciaal belang bij het maken van gebruiksvoorwerpen met bepaalde eigenschappen. Kookpotten bijvoorbeeld moeten van een niet-kalkhoudende klei gemaakt zijn, anders zijn ze niet vuurvast. Toevoeging van chamotte (om de klei minder vet te maken) is vaak van essentieel belang: al naargelang het werk dat de pottenbakker wil maken, en het restmateriaal dat hij in huis heeft, zal hij gebruikmaken van fijn zand, vermalen aardewerk, beendermeel of stro. Chamotte zorgt voor kleine openingetjes in de scherf, waardoor overtollig water uit de klei kan ontsnappen tijdens het bakproces. Chamotte wordt aan de gebroken droge klei toegevoegd, waarna alles met water gemengd wordt tot een brij. Die laat men vervolgens een paar weken rusten. Daarna wordt ze met de hand gekneed en gemodelleerd. De eerste modelleertechnieken waren erg primitief: voor een holle vorm werd de vuist of een stamper in de klei gedrukt, of de kleiplak werd over een bolle ondergrond gelegd.

Vormtechnieken

De pottenbakkers werken nieuwe technieken uit in hun zoektocht naar grotere stevigheid. De sterkte van de kleischerf wordt bijvoorbeeld aanzienlijk vergroot door de werkstukken uit kleine vochtige kleiplakjes op te bouwen die overlappend op elkaar worden gedrukt. Moeilijker te verwerken zijn afgietsels; met deze techniek kunnen voorwerpen (met name kommen) met regelmatige afmetingen gemaakt worden. Bovendien kunnen zo reliëfdecoraties gemaakt worden. Vazen zijn handelbaarder als ze

Een ondergrond voor decoratie

Deze vaas uit het 4e millennium voor onze jaartelling (hiernaast) is er het bewijs van dat Egyptische pottenbakkers trefzeker decoreerden. Hieronder een Korinthische votiefplaat uit de 4e eeuw v.C. met een weergave van een pottenbakker en zijn oven.

voorzien zijn van, soms open, handvatten waarin een vinger of een koord gestoken kan worden. En als laatste is er nog de tamelijk moeilijke techniek van de kleirolletjes die op elkaar gestapeld worden; onregelmatigheden van het oppervlak worden vervolgens gladgestreken met een stukje leer en water, waardoor de scherf tevens waterdicht wordt gemaakt. Veel later ontdekten pottenbakkers de pottenbakkersschijf, die de weg opent naar serieproductie.

Chinees porselein

In de 15e eeuw v.C. schiepen de Shang een nieuwe techniek: het celadon. Het steengoed wordt met een glazuur op basis van plantaardige assen en veldspaat op hoge temperatuur gebakken. De kleur varieert van geel tot blauwgroen. Tijdens de Handynastie (206 v.C.-222 n.C.) werd een groot aantal ovens gebouwd in de huidige provincie Zhejiang, belangrijkste productiecentrum van fijnzinnige voorwerpen, waarbij de biscuit- en glazuurstook in één gang werden gedaan en gebruikgemaakt werd van metaaloxiden vanwege hun levendige tinten. In de 3e eeuw slaagt men erin kaolien te bakken, met als resultaat een zuiver wit porselein.

Van hete steen naar de hete oven

De mensen hebben waarschijnlijk bij toeval ontdekt dat gebakken (of althans in de zon gedroogd) aardewerk sterker is. Waarschijnlijk zijn de voorwerpen ook al gebakken vóór de ontdekking van de oven. Is aardewerk niet ook de eerste kunst van wat men gewoonlijk de 'kunsten van het vuur' noemt?

Het eerste aardewerk werd gebakken op hete stenen of op grote open kampvuren. Om de potten sterker te maken bakte men ze vervolgens in greppels, overdekt met takken, stro en aarde; hiermee wordt de baktijd langer, tot zelfs enkele dagen. De uitvinding van de oven is een beslissend keerpunt in de geschiedenis van de keramiek: de hitte blijft daarin beter behouden, is uniformer en vooral veel groter. In temperatuurzones boven de 1000 °C wordt het mogelijk de in klei aanwezige metaaloxiden te smelten. Hier komt dus het procedé van de verglazing en het glazuur om de hoek kijken.

***Deze ceremoniële kelk** uit de bronstijd getuigt van de vaardigheid van de kunstenaars uit het 3e millennium voor onze jaartelling.*

Decoratie cruciaal voor de archeologie

Het allereerste, zelfs meest simpele, aardewerk werd al gedecoreerd. De neolithische pottenbakkers werkten met strepen en geometrische patronen, en ze duwden hun duim in de nog natte klei om hun creatie te signeren.

De Egyptenaren hadden de mooiste hand van decoreren en gebruikten daarvoor engobe: de werkstukken worden in een bad vloeibare klei van een andere kleur gedompeld en vervolgens wordt de decoratie eruit gegraveerd of weer met een anders gekleurde engobe aangebracht. Voor het bakken wordt de leerharde scherf nog gepolijst met een gladde steen. De decoraties, die per streek en tijdperk sterk variëren, zijn zeer nuttig gebleken voor de archeologie, die onderscheid maakt in snijwerk (met een graveerpunt, een mes of een stokje), gestempelde decoratie (door een stempel, zegel of touw in de natte klei te drukken), gegoten (zoals engobe) en geschilderde decoratie.

Het glazuur: esthetisch raffinement

Rond 4000 v.C. vervaardigden Egyptische, Chaldeeuwse, Perzische en Assyrische pottenbakkers al aardewerk met matglazuren, lusters en gekleurde glazuren. Deze zijn te danken aan het siliciumoxide in de kleischerf dat eruitziet als een laagje glas wanneer de baktemperatuur erg hoog is. Rond 3000 v.C. vinden de Egyptenaren een glazuur uit waarvan de kleur varieert van heldergeel tot kleurloos. Het is gebaseerd op glas met metaaloxiden (koper of ijzer), lood en de toevoeging van soda en kalk.

Rond 1500 v.C. bereikte de Chinese pottenbakkerskunst een toppunt van verfijning, zoals blijkt uit deze Pouvaas.

Aardewerk in alle kleuren

Klei gaat er anders uitzien na het bakken. Deze eigenschap is al sinds het neolithicum voor decoratieve doeleinden uitgebuit. De samenstelling van de klei, de baktemperatuur en de ovenatmosfeer bepalen de uiteindelijke kleur. Klei met weinig calcium varieert van rood naar bruin en zwart, terwijl kalkhoudende klei daarentegen de neiging vertoont tot blekere tinten, van oranje naar geel en bleekgroen. Ook de natuurlijke metaaloxiden in klei hebben invloed op de kleur. De Egyptenaren voegen rode of witte oker toe aan de engobe om de natuurlijke kleur van de scherf te verzachten of versterken, en om stukken uit één uniforme kleur te krijgen.

Het weefgetouw (rond 6000 v.C.)

Van vlechten naar weven

Het weefgetouw wordt 8000 jaar geleden uitgevonden in het Midden-Oosten. Het is een simpel houten raamwerk waarop draden gespannen worden, maar dit heeft wel de weg geopend naar de meest geavanceerde weeftechnieken. De mens legt zijn bontvellen en huiden af en gaat geweven kleding dragen. Het weefgetouw markeert de overgang van jacht en roofbouw naar landbouw en veeteelt.

Een eeuwenoud vrouwenhandwerk
Omdat weven handigheid en geduld vereist, is het al eeuwen het werk van vrouwen, zoals blijkt uit deze Mayavrouw (zie afbeelding onder) uit de 7e of 8e eeuw, die aan een bandweefgetouw zit te werken.

In het Midden-Oosten zijn de eerste neolithische landbouwers al bedreven in vlechtwerk. Ze zijn experts in het vlechten van netten, manden en matten, dingen die ze dagelijks gebruiken. Maar of je nu biezen of heel dunne draden moet vlechten, de techniek blijft hetzelfde. Alleen moeten de te slappe vezels wel worden opgespannen op een eerst nog primitief getouw, dat van dan af steeds meer wordt geperfectioneerd. Van de oudste weefselfragmenten dateert er een van 6000 v.C. uit Anatolië, en een ander van 5000 v.C. uit de oase van Fayoum (Egypte); ze vertonen allebei een gelijkmatig weefsel.

Thuiswerk

Voor het weven worden alle natuurlijke hulpbronnen aangewend. De vrouwen weven met linnen, maar ook met wol, kamelenhaar en geitenhaar. Van vlas moeten ze de vezels wel voorbewerken om linnen te krijgen; het moet gezwingeld worden om het van de ruwe bast te ontdoen. Wol moet ontvet en gekaard worden.

Om een lange draad te krijgen werden in het Midden-Oosten de spintol en het spinrokken uitgevonden. De neolithische spintol is een simpel houten stokje dat in een ronde schijf van klei of steen gestoken is (een soort vliegwiel waardoor de spintol lang en gelijkmatig kan ronddraaien). De spinster trekt een plukje vezels of ruwe wol van het spinrokken, rolt dat tussen haar vingers om een provisorische draad te vormen en haakt die vast achter een inkeping boven aan het hout van de spintol. Vervolgens laat ze de spintol draaien, waarvan de vaart wordt onderhouden door het 'vliegwiel'. Hoe meer de draad gedraaid wordt, hoe sterker die wordt. Er vormt zich een gelijkmatige en soepele draad.

De weefsels bestaan uit verschillende materialen (wol, linnen, katoen, zijde) van verschillende dikte (afhankelijk van seizoen en klimaatzone). Het materiaal leent zich voor een breed scala van verwerkingswijzen, zoals verven, versieren, knippen, naaien.

Een steeds fijnzinniger techniek

Het weefgetouw is eerst een simpel raamwerk waarop de vrouwen evenwijdig één voor één draden spannen, de schering of ketting. Er bestaat een aantal afbeeldingen van weven, zoals die op een oude pot van 6400 jaar geleden van de vindplaats Badari (Egypte). De inslagdraad wordt vervolgens met de hand om en om tussen de scheringdraden gevlochten. Daarna gebruiken ze als spoel een stokje waarop de

draad gerold is. Op grotere, horizontale weefgetouwen en op verticale weefgetouwen verzwaren ze de draden met een steen om er meer spanning op te krijgen. De eerste technische perfectionering is het gebruik van twee horizontale stokken, de schachten, waaraan de even en oneven kettingdraden worden vastgemaakt. Door een van de schachten omhoog te trekken scheidt men de even en oneven draden, en kan de spoel snel tussen de draden door geschoten worden, zonder draad voor draad te hoeven optillen. Als de spoel teruggaat, wordt de andere schacht omhooggetrokken.

Een gedeelde innovatie

Al in het 4e millennium voor onze jaartelling werkte men in India met katoen, waarna het zich verspreidde over het Midden-Oosten, Afrika en Europa. In dezelfde tijd wordt ook in Mexico en later Peru geweven met katoen die verkregen is uit wilde planten. De lengte van de zijden draden, die al in het 3e millennium voor onze jaartelling in China gebruikt werden, schijnt de voornaamste oorzaak te zijn

***Dit doek van een Egyptische begrafenisstoet** (zie afbeelding links) laat de verfijning van weefkunst in de 15e eeuw v.C. zien.*

***Traditionele technieken** worden nog steeds gehanteerd, zoals deze indiaanse (afbeelding vorige bladzijde) en Guatamalteekse (afbeelding onder) weefsters laten zien.*

Vlechtwerk, voorloper van het weven

Men neemt aan dat de laatste jagers-verzamelaars van het paleolithicum al matten, netten en manden vlochten. Maar de oudste sporen van vlechtwerk gaan niet verder terug dan het neolithicum. Deze 8000 jaar oude overblijfselen, die in het zand van de Egyptische woestijn en in de Spaanse grot van Los Murcielagos gevonden zijn, wijzen uit dat de vlechttechniek goed beheerst werd en nog altijd in gebruik is. Naast traditioneel vlechtwerk werden diverse voorwerpen gevonden die erop wijzen dat de sparterietechniek voor het maken van graanmanden al werd toegepast. De vlechter maakt een soort worst van stro of andere vezels die hij aan zichzelf vastmaakt en om zich heen windt met linten van linde of teenwilg met behulp van een grote naald of een benen rijgpen. In Egypte en Mesopotamië werden de matten gebruikt voor het inpakken en vervoeren van handelswaar. Verder dienden ze als kleed, wandbekleding, scheidingswand en dak.

De technische vooruitgang is duidelijk te zien aan dit weefgetouw uit de middeleeuwen (zie afbeelding links) dat al een pedaalrad heeft. In het 18e-eeuwse Japan blijft de oude traditie bestaan (zie afbeelding rechts).

van de technische innovaties van weefgetouwen in het Verre Oosten. Het pedalenweefgetouw zou al in 2000 v.C. door de Chinezen zijn uitgevonden om het probleem van het op- en afrollen van de kettingdraden tijdens het weven op te lossen. De wever, die op een houten balk leunt, laat de opgerolde draden naar het bovenste deel van het weefgetouw lopen, terwijl de geweven stof in het onderste deel wordt opgerold. Pas in de middeleeuwen vinden we zijdeweverijen in Europa. Daar ondergaat het weefgetouw tot de middeleeuwen maar kleine veranderingen. De uitvinding van het spinnewiel in het Westen in de 13e eeuw is de eerste stap naar mechanisatie. Ten gevolge van beslissende technische innovaties, zoals de schietspoel door John Kay in 1733, de spinmachine door James Hargreaves in 1764, en de kaardmachine door Richard Arkwright in 1769, zullen de innovaties elkaar in snel tempo gaan opvolgen ter verbetering van de spin- en weefmachines. De automatiseringsprojecten die midden 18e eeuw gelanceerd worden door Vaucanson, worden industriële werkelijkheid met het weefgetouw dat begin 19e eeuw door Jacquard wordt ontwikkeld.

KLEURSTOFFEN: ZELDZAAM EN DUUR

De textielkleurstoffen worden in dezelfde tijd ontwikkeld als het weven zelf. In het Nabije en Midden-Oosten hebben ze een belangrijke economische rol gespeeld vanwege hun schaarsheid, prijs en toepassing. Sommige streken zijn er erg rijk en beroemd door geworden, zoals het dal van de Indus waar in het 3e millennium voor onze jaartelling meekrap werd geteeld, en de Syrische kust rond 1500 v.C. vanwege het purper uit de purperslak. De kleurstoffen worden gewonnen uit planten, wortels, zaden, schors, insecten en schelpdieren. De kleur rood danken we aan twee insecten, de schildluis en de eikenkermes; het blauw aan wede en indigo; de gelen en oranjes aan saffraan. Sommige blauwe pigmenten worden verkregen door korstmos in ammoniak in de vorm van urine te weken. De recepten werden proefondervindelijk verkregen en strikt geheim gehouden. De eerste geschreven methoden (8e eeuw v.C.) geven slechts heel weinig aanwijzingen. De draden of stoffen worden eerst schoongemaakt en ontvet. Sommige vezels, zoals wol, worden extra behandeld met een 'bijtmiddel', zoals aluin of metaalzouten. Onder beitsen, het fixeren van de kleur, verstaat men de onderdompeling van de draad of stof in een warm bad met pigmenten. Deze wijze van natuurlijk verven wordt pas in de 19e eeuw verlaten na de uitvinding van de eerste synthetische verfstof, aniline, door William Henry Perkin (1856).

Deze bollen wol op de markt van Chichi Castenango in Guatemala stralen een en al vrolijkheid uit (zie afbeelding onder).

Kauwgom
(4500 v.C.)

Ruim 6500 jaar geleden zaten de mensen van het neolithicum al op een soort pasta te kauwen. In 1997 hebben archeologen in Zweden een 'prehistorische kauwgom' ontdekt op basis van berk, met sporen van tanden die wijzen op voortdurend kauwen. Men weet dat de Egyptenaren ten tijde van de farao's kauwgom maakten op basis van mastiekhars.

***Een Papoeavrouw** blaast een bubbel met haar kauwgom.*

Chewing-gum

In de 19e eeuw verschijnt in de Verenigde Staten de eerste kauwgom op basis van het melksap van de sapotilleboom uit Yucatan. In 1869 wordt het patent van chewing-gum gedeponeerd, een mix van rubber en geparfumeerde substanties die de kauwgom zijn smaak moet geven. Chewing-gum nam meteen een hoge vlucht en werd vanaf 1900 industrieel vervaardigd. Tegenwoordig is het in vele soorten verkrijgbaar.

De trommel (4000 v.C.)

De mensen bemerken dat een uitgeholde boomstam of een huid die gespannen is over iets hols, een uitstekende resonantie geeft wanneer de hoeveelheid lucht onder de slag van een hand of stok in trilling wordt gebracht. Gaat deze uitvinding terug op het neolithicum? Grottekeningen zeggen van wel. Zeker nu de mens aan het einde van dat tijdperk de techniek van het rijgen steeds meer onder de knie krijgt, zodat de huid beter kan worden opgespannen op de drager. Het volgende is belangrijk: de ware trommel (en alle afgeleide vormen) wordt gedefinieerd door het feit dat het slagoppervlak meer of minder gespannen kan worden, hetzij voor een betere resonantie, hetzij om de toonhoogte te regelen.

Het eerste gebruik van trommels moet vrij zeker gesitueerd worden in het Egypte van zo'n 4000 v.C. Cilinders van aardewerk of brons die aan beide zijden waren afgesloten met stukken huid, dienden als militaire muziekinstrumenten. Ze worden geïntroduceerd door de Nubiërs in het zuiden van het land, waar ze de legermarsen begeleiden. Bij de Romeinen en Grieken wordt de huid gespannen over een houten kader; dit lijkt meer op een tamboerijn die de Hebreeuwen al gebruikten. In het Verre Oosten (China) is de trommel vaak van metaal. Het principe van de trommel, met zijn vele verschijningsvormen en afmetingen, aan één of twee kanten gesloten, op de grond, tussen de benen, onder de arm, voor de buik gehangen, is altijd hetzelfde gebleven.

***De trommel, een universeel instrument** met vele verschijningsvormen en afmetingen, is bekend bij de Mexicanen in de 1e eeuw v.C. (zie afbeelding links), en al eeuwen bij de Afrikanen (zie afbeelding hierboven uit Burundi).*

Kohl (3750 v.C.)

De Egyptenaren van de oudheid, die liefhebbers waren van geurtjes en zalfjes, voorlopers van onze cosmetica, hechten groot belang aan hygiëne en verzorging van het uiterlijk.

Vanaf het midden van het 4e millennium voor onze jaartelling omlijnen mannen en vrouwen hun ogen met donker poeder, kohl, een uitvinding die grenzen en eeuwen zal overschrijden.

Genezende werking

Zoals veel cosmetica heeft kohl in eerste instantie profylactische eigenschappen. Dit preparaat op basis van antimoonpoeder (*kuhl* in het Arabisch) prikkelt de traanklieren. Overvloedig tranen reinigt de ogen en gaat oogziekten tegen die het gevolg zijn van wind en woestijnstof of insecten. Bovendien werkt antimoon antiseptisch. De Egyptenaren van het Oude Rijk (2720-2160 v.C.) kenden deze eigenschappen welhaast zeker proefondervindelijk, want voor het vervoer van water gebruikten ze al koperen potten die met antimoonpoeder waren bedekt.

Oog van de valk

Voor de Egyptenaren is kohl versiering; het maakt de wimpers dikker en streelt het oog. Maar het wordt ook symbolisch gebruikt: het met zwart omlijste oog brengt Horus in herinnering, de goddelijke valk met zijn peilende en indringende blik, vertegenwoordiger van de zon en de maan.

Dit Egyptische kohlflesje, daterend van de 15e eeuw v.C., laat zien dat de antiseptische make-up vroeger net zo hoog werd aangeslagen als nu, zoals bijvoorbeeld bij de Toeareg in Niger.

Een wereldse traditie

Het gebruik van kohl overschrijdt de grenzen van Egypte, waarna we het terugvinden in de Bijbel, rond de ogen van Jezabel, de goddeloze koningin van Israël (9e eeuw v.C.) Zij was afkomstig uit Fenicië, dat land van handelaars aan de Middellandse Zee die onder andere Egyptische koopwaar verspreiden.

In latere tijden vindt het weer waardering bij vrouwen na de opkomst en expansie van de islam (7e eeuw). Tegenwoordig maken vrouwen in de islamitische wereld, van de Maghreb tot de Levant, hun ogen en die van hun kinderen zwart om ze te beschermen tegen het noodlot. Soms brengen ze het ook aan op de navel van de pasgeborene nadat de navelstreng is doorgesneden, om het kind te beschermen tegen infecties. De westerse vrouw heeft ook niet stilgezeten. Lange tijd heeft ze meer waarde gehecht aan haar teint en mond, maar in de eerste helft van de 20e eeuw heeft ze met de make-up van Rimmel de aantrekkelijkheid van een oosterse blik (her)ontdekt.

Parfum (3500 v.C.)

In de tempels van Thebe werden de goden van het eeuwige Egypte zo'n 5500 jaar geleden met wierook vereerd. In deze rokerige vorm (*per fumum* is Latijn voor 'door middel van rook') doet parfum zijn intrede. Deze rookwerken werden volgens een geheim recept bereid uit tientallen ingrediënten. Druiven, honing, mirre, kardemom en vele andere geurstoffen werden in gloeiend hete vazen gelegd, waarna ze hun aroma's onder invloed van de warmte vrijgaven. Dit is wel de eenvoudigste manier van parfum maken. De Egyptenaren vonden al snel een andere methode. Ze ontdekten dat een vette stof de eigenschap had geuren vast te houden. Door geurige bloemblaadjes, kruiden en hars te laten weken in zo'n stof vervaardigden ze geparfumeerde oliën en zalven. Artsen gebruikten die bij de behandeling van ziekten. De Egyptenaren geloofden dat al hun kwalen werden voortgebracht door demonen die via een wond bezit namen van hun lichaam. De uitwasemingen van de oliën die op de huid werden aangebracht, verjoegen de kwade geesten.

Maar het gebruik van oliën en zalven was niet alleen voorbehouden aan zieken en goden. Vanaf 3500 v.C. wordt het gebruik van parfum een dagelijks terugkerend verleidingsmiddel. De Egyptische koninginnen, tot aan Cleopatra toe, gebruikten parfum om hun affaires tot een goed einde te brengen.

Een kostbaar goedje
Vanwege zijn prijs bewaarden vrouwen in de Gallo-Romeinse tijd (1e eeuw) de parfum in kleine kostbare flacons (zie afbeelding links en boven).

Een verfijnd reukvat
Deze bronzen parfumbrander in de vorm van een valk (eind 12e eeuw) is een verfijnd voorbeeld van islamitische kunst (zie afbeelding onder).

GROEIEND RAFFINEMENT

De Grieken en daarna de Romeinen verrijkten het spectrum van geuren en toepassingsmogelijkheden. De atleten van de eerste Olympische Spelen wreven hun lichaam vóór de wedstrijd in met geurige olie. De Romeinen vonden de parfumfles van geblazen glas uit (1e eeuw v.C.) en in de 1e eeuw n.C. schreef Plinius de Oudere in zijn *Naturalis Historia* een wetenschappelijke verhandeling over de vervaardiging en indeling van de parfums. Later ontwikkelden de Arabieren de alambiek en het destillatieproces. Met deze laatste techniek konden door verhitting van een waterig mengsel van plantenextracten geconcentreerde parfumoliën gewonnen worden. Bovendien hadden ze een fijne neus voor kruiden, waarmee ze het spectrum van geuren sterk hebben uitgebreid. In de 11e en 12e eeuw brachten de kruisvaarders deze nieuwe technieken mee terug uit het Heilige Land, waarmee het gebruik van parfum weer opleefde.

Het wiel (3500 v.C.)

Een bij uitstek productieve uitvinding

Met het wiel zet de mens een reuzenstap voorwaarts. Het betekent een revolutie in het transport en opent de weg naar de ontwikkeling van verbindingen en handelsverkeer. Met de toepassing in een mechaniek gaan ingewikkelde machines tot de mogelijkheden behoren. Waarschijnlijk heeft geen enkele andere uitvinding het leven van de mens zo veranderd.

***Nog steeds dichte wielen**, zoals blijkt uit deze voorstellingen van een processiewagen uit Oegarit (zie boven) en een strijdwagen van een Soemerische vorst (zie links), beide uit het 1e millennium voor onze jaartelling, en dat terwijl het wiel al twee millennia eerder was uitgevonden.*

Wat hebben de volgende dingen allemaal gemeen: pottenbakkersschijf, spinnewiel, koets, molen, fiets? Natuurlijk, het wiel. Zonder het wiel zouden deze uitvindingen niet eens bestaan. Maar wanneer is het wiel dan uitgevonden? Het is eigenlijk begonnen met het gebruik van min of meer platte ronde kiezels die in de natuur worden gevonden, daarna met het in stukken zagen van een boomstam voor de bouw van hutten, en ineens kreeg de mens door dat zo'n cilinder, zo'n ronde schijf, best veel mogelijkheden bood. De stam die uit zichzelf voortrolde, hoefde niet gedragen te worden, waardoor de krachten gespaard konden worden. Geleidelijk aan begint een idee te ontkiemen: als men erin slaagt het rollen los te koppelen van het object dat dit ondersteunt, hoeft men het te transporteren voorwerp niet meer met alle problemen van dien voort te slepen of te duwen. Hoe is men van daaruit op het wiel gekomen? We moeten hier het toeval uitsluiten, maar ons voorstellen dat aan de uitvinding van het wiel talloze probeersels ten grondslag liggen waarvan we niet weten welke precies en hoeveel tijd het heeft geduurd. Houten wielen hebben de tijd niet overleefd, in tegenstelling tot de pottenbakkersschijf, een andere toepassing van de ronde vorm die in dezelfde tijd (3500 v.C.) het levenslicht zag.

De eerste strijdwagens

Het valt moeilijk te begrijpen dat de mens zonder heeft gekund, als we denken aan de hoeveelheid vooruitgang die we te danken hebben

aan de uitvinding van het wiel! Toch zijn de piramiden van het Oude Rijk gebouwd zonder het gebruik van het wiel (want dat bestond nog niet); de Egyptische bouwmeesters moesten allerlei steigers en glijbanen bedenken en construeren om de reusachtige blokken steen naar boven te hijsen. Ook de Inca's waren blijkbaar in staat hun monumenten te bouwen zonder het wiel te kennen. De geschiedkundigen dateren de uitvinding van het wiel zo omstreeks het midden van het 4e millennium voor onze jaartelling. De oudste afbeelding van een wiel is een pictogram dat gegraveerd is op een tablet in de tempel van Inanna (Erech, Beneden-Mesopotamië) met de voorstelling van een strijdwagen met twee volle wielen (3200 v.C.). Deze wielen bestonden niet uit een schijf hout uit één stuk, maar waren samengesteld uit meerdere, met riemen aan elkaar gebonden stukken. De wielen waren niet alleen erg kwetsbaar, bovendien zaten de assen vast aan het chassis, zodat je het hele rijtuig moest optillen om van richting te veranderen. Toch verandert alles met dit type rijtuig. Het wordt mogelijk op een andere manier dan op de rug van een dier lange afstanden af te leggen, en tevens zware vrachten te vervoeren, terwijl de krachten van mens en dier worden gespaard.

Reizen, vervoeren... en vechten

Met het wiel komen allerlei soorten voertuigen in ontwikkeling: de eerste primitieve afstammelingen van de *travois*, een voertuig dat bestaat uit één of meer palen met een soort bagagedrager voor vrachten, waarvan een uiteinde over de grond sleept en het andere vastgemaakt is aan mens of trekdier. Wanneer de over de grond slepende uiteinden worden vastgemaakt aan een as met twee wielen en erbovenop een rechte bak wordt geplaatst, hebben we een wagen. De wagen met twee of vier volle wielen was zwaar en nauwelijks wendbaar; hij werd getrokken door ossen of ezels. Een variant op deze wagen had twee zijwanden en een hoog schutbord aan de voorkant, en werd voor de oorlog gebruikt. Deze doet dienst als mobiel platform in de veldslag, maar is slecht toegerust voor de aanval.

Het paard en het spaakwiel

De grootste en beslissende stap voorwaarts in het vervoer ziet begin 2e millennium voor onze jaartelling in Mesopotamië het levenslicht: het spaakwiel, dat zoveel lichter is dan de volle wielen van hout en brons. Hiermee kunnen strijdwagens met twee wielen en een halfronde bak ontwikkeld worden die lichter en sneller zijn dan de voorgaande. Zoals zo vaak in de geschiedenis van de techniek komt een vooruitgang nooit alleen: het paard, dat in de 13e eeuw v.C. wordt geïntroduceerd door invallende Hittieten die de dynastie der Amorieten omverwerpen, wordt weldra gemeengoed in de Mesopotamische

Raadselachtig object *Dit model van de Zonnewagen, in Trundholm (Denemarken) gevonden, bewijst dat het open wiel al in de 16e eeuw v.C. bestond, ook al is de bespanning onwaarschijnlijk (zie afbeelding links).*

De Assyriërs *maakten 1000 v.C. kolossale wielen.*

De lichte strijdwagen zorgt voor revolutie in de krijgskunst

Dankzij de lichte strijdwagen verpletteren nomadische krijgers, de Hyksos, in de 18e eeuw v.C. de Egyptische legers van het Middenrijk. Het succes is te danken aan zijn wendbaarheid, snelheid en geringe gewicht. De wagen staat een verdeling van taken toe: de koetsier leidt de wagen, terwijl de passagier boog of sabel hanteert. Maar de wagen kan moeilijk tegen hobbels. En de passagiers kunnen zich dan wel met een schild beschermen, maar de trekpaarden zijn erg kwetsbaar voor pijlen en andere projectielen. Daarom werd in het Romeinse Rijk de strijdwagen vervangen door de cavalerie.

De Egyptenaren hebben de kunst van het bouwen van lichte bronzen strijdwagens twee eeuwen eerder afgekeken van de invallende Hyksos.

De metamorfose van het wiel
Van het volle wiel (links) via het karren- of wagenwiel (midden) naar het fietswiel (rechts): de ontwikkeling is steeds van zwaarder naar lichter en meer comfort.

wereld. Het sterke en snelle paard, dat makkelijk te mennen en te leiden is, trekt algauw de lichte wagens die eerst als lastwagen voor de oorlogsgoederen dienstdoen, maar later ook voor het vervoer van mensen en handelswaar. De mogelijkheid van gerieflijk reizen zet het dagelijks leven op zijn kop en bevordert de verbindingen, zeker binnen zo'n uitgestrekt rijk. Begin 3e eeuw zullen de Romeinen de eersten zijn die om politieke en commerciële redenen een heel wegennetwerk aanleggen dat zo'n 80 000 km lang is.

Verbeteringen aan het wiel

In de tijd van het Romeinse Rijk doen de Kelten een grote uitvinding: de uit één stuk gesmede velg met bandages van ijzerdraad die erg slijtvast is. Daarbij komt nog de invoering van houten en bronzen lagers tussen naaf en as, waardoor de levensduur van de gebruikte materialen behoorlijk verlengd wordt. Maar het wiel is nog niet aan het einde van zijn lange reis gekomen. Het blijft onlosmakelijk verbonden met al die wagenmodellen die trekdieren benutten, zoals kar, kales en postkoets, totdat we het terugvinden op het eerste mechanische vervoermiddel van de geschiedenis, de fiets. Eind 19e eeuw krijgen de wielen een rubber bekleding: de band. En als het wiel dan ook nog een verbrandingsmotor ondersteunt, ziet de automobiel het daglicht. Van dan af wordt het wiel steeds volmaakter, met velgen van lichte legeringen en composietvezels.

Ontketende energie

De toepassing van het wiel beperkt zich echter niet tot alleen de vervoermiddelen. Vanaf het 3e millennium voor onze jaartelling zijn er in Mesopotamië al draaimolens en molenstenen voor het malen van graan en het persen van wijn en olie. Deze archaïsche apparaten, die met de hand of door een lastdier worden aangedreven, zijn al in de 4e eeuw v.C. in Egypte te vinden, maar bereiken Europa pas drie eeuwen later.

Rond 2000 v.C. wordt in het Nabije Oosten en bepaalde streken van Afrika en Azië bijna gelijktijdig een andere uitvinding gedaan: de noria, de eerste grote waterbouwkundige machine. De noria is een groot, door schoepbladen of spierkracht draaiend rad, met aan de buitenkant emmertjes die water uit een bekken putten en dit uitstorten in hoger gelegen kanaaltjes voor de bevloeiing van de omliggende velden. De noria is nog altijd een vertrouwde verschijning in sommige streken van het Midden-Oosten en Afrika. Ze staat waarschijnlijk aan de oorsprong van de watermolen, die eind 1e millennium voor onze jaartelling in het Romeinse Rijk ingang vindt.

Technologische omwentelingen

Intussen is het wiel de drijvende kracht achter enkele belangrijke technische vernieuwingen: het tandrad, dat de Chinezen waarschijnlijk al in het 3e millennium voor onze jaartelling kenden, verschijnt in de 4e eeuw v.C. bij de Grieken en schijnt te zijn 'herontdekt' door Archimedes van Syracuse, die tevens doorgaat voor de vader van de tandwieloverbrenging. Uit het horizontale schoepenrad van de watermolen die de Grieken gebruikten volgt het verticale tandrad met pignon die de beweging overbrengt op een as met een molensteen. Vitruvius, die dit mechaniek in 25 v.C. beschrijft, definieert de machine als een samengesteld werktuig 'dat automatisch handelt door het samenspel van de raderen'. De mens beheerst van dan af de nieuwe overbrengingswijzen en krachtenvermeerdering. Het tandwiel met lantaarnrad, dat voorzien is van kleine houten stokjes loodrecht op het oppervlak van het wiel die dienstdoen als tanden, kende een mooie toekomst tot diep in de 18e eeuw. Als de tandwieloverbrenging niet bestaan had, hadden ook het schoepenrad, de

Het waterrad
Een horizontaal rad dat aangedreven wordt door een lastdier draait aan een schroef zonder einde of een heugel die water uit een put omhoog haalt naar de kanalen op grondniveau. Deze techniek is meer dan 2000 jaar oud en wordt nog altijd toegepast.

Een originele toepassing van het wiel: de tredmolen

Bij de Romeinen kenden ze al de tredmolen, een breed manshoog rad met een horizontale as dat door een man of twee al lopend in beweging werd gehouden. De simpele tredmolen werd in bepaalde mijnen gebruikt om overtollig water af te pompen. De mannen zetten hun voeten op klossen tegen de wand van het rad en duwen dat onder hun eigen gewicht naar beneden; zo gaat het rad draaien. De emmertjes die voortbewogen worden door het rad, halen het water omhoog en storten het in een bak. Dit type tredmolen werd in de middeleeuwen gebruikt als hijstoestel en in de 18e eeuw aangewend om water te putten uit reservoirs onder de forten.

Universeel symbool
Het wiel is synoniem geworden met beweging, actie en verovering. Dat was al zo met het tandwiel, volgens Charles Chaplin het symbool van de geïndustrialiseerde wereld, en het reuzenrad van de attractieparken.

windmolen en dus de propeller- en schroefaandrijving, de klok en de fietsketting het levenslicht niet aanschouwd.

Geboorte van de machine

De katrol, een andere afgeleide van het tandwiel, wordt al genoemd in de *Mechanica*, een werk van de school van Aristoteles dat dateert uit de 4e eeuw v.C. Lier en katrollen worden toegepast bij de constructie van de eerste hijskranen. Archimedes zou de eerste hijskraan met drie katrollen hebben ontworpen, waarmee de trekkracht van een lierkabel vele malen vergroot wordt. Met deze van het wiel afgeleide uitvindingen kunnen steeds zwaardere lasten worden getild; hiermee wordt de weg geopend voor de bouwkundige hoogstandjes van de Grieken en de Romeinen en, veel later, de moderne mechanisering.

Van spintol tot spinnewiel

Het spinnewiel, dat uitgevonden is in India of China, verschijnt tussen de 8e en 9e eeuw in Spanje tijdens de Moorse overheersing. Vóór het spinnewiel gebruikte men een groot wiel dat eigenlijk meer een uit de kluiten gewassen versie was van de spintol, want het werd ook met de hand rondgedraaid. De gebruiker moest om de beurt aan het wiel draaien én de gesponnen draad op de klos winden. Met het pedaalspinnewiel, dat de handen vrijliet voor het echte spinwerk, kon men tegelijk spinnen en de draad opwinden, waardoor het werk een stuk sneller ging. Met het spinnewiel komt in de middeleeuwen een ware textielindustrie op gang.

Moderne toepassingen

Rond 1800 ontwerpt de Engelsman George Cayley een spaakwiel voor een vliegtuig. Maar dit lichte en sterke wiel wordt vooralsnog eerst toegepast bij de fiets. In 1870 ontwikkelt James Starkey, alweer een Engelsman, een wiel waarvan de spaken strakker aangetrokken kunnen worden wanneer ze te veel speling krijgen. Hij maakt namelijk een einde aan dit ongemak door de spaken tangentieel op de naaf te plaatsen. Hierdoor zijn ze beter bestand tegen versnellings- en remkrachten.

Rond 1910 begint de gyroscoop een rol van betekenis te spelen in de navigatiesystemen van vliegtuigen en schepen om deze op koers te houden. Bij een roterend vliegwiel bewaart de gyroscoop een vaste positie in één vlak, hoe je hem ook beweegt of schommelt. In 1912 wordt met het gyrokompas de eerste automatische piloot ontwikkeld voor het vliegtuig.

Ultralicht
Het wiel heeft zich aangepast aan de prestatie-eisen van de wieler- en autosport.

De zaag (3500 v.C.)

De fijngetande vuursteen van de prehistorie is waarschijnlijk de eerste weifelende aanzet tot de zaag. De vroegst bekende metalen zagen (3500 v.C.) waren van koper en daarna van brons. Rond 1200 v.C. werden ze van ijzer en konden de eerste boomstammen in planken gezaagd worden. Midden 7e eeuw v.C. kon met de ijzeren zaag steen gezaagd worden, wat blijkt uit zaagsporen op de steenblokken van Egyptische piramiden.

De lintzaag, die al 25 eeuwen ongewijzigd is, wordt nog altijd volgens het oorspronkelijke model vervaardigd.

Solderen (3500 v.C.)

Al in het 4e millennium voor onze jaartelling waren de Mesopotamiërs in staat gouden blaadjes aan elkaar te solderen. Bij verhitting is goud makkelijk onderling te solderen zonder dat er een spoor van een soldeernaad te zien is, wat natuurlijk zeer op prijs werd gesteld door de goudsmeden. Deze manier van 'autogeen' solderen werd rond 1500 v.C. op grote schaal ontwikkeld met de exploitatie van ijzer door de Hittieten. De smeden hadden toen al vergeefs geprobeerd de eigenschappen van goud 'over te planten' op koper of brons. Uiteindelijk vinden ze na veel vallen en opstaan de heterogene soldering van de metalen onderling met tin, het tinsolderen. Tot de 19e eeuw werd ijzer alleen aan elkaar gelast door middel van smeden. Pas aan het begin van de 20e eeuw wordt met het booglassen het lassen op grote schaal in de assemblage-industrie toegepast.

Ze zitten nog altijd vast
Deze goudblaadjes werden 5000 jaar geleden aan de segmenten van deze Soemerische halsketting gesoldeerd.

Een techniek met vele ontwikkelingen

Tegenwoordig wordt ultrasone soldering toegepast bij onderling verschillende metalen of metaal-keramiekverbindingen, zoals in accu's van elektrische auto's. Met behulp van elektronenbundelsolderen is bijvoorbeeld de titanium brandstoftank van de Ariane V-raket gesoldeerd. Lasrobots vervangen de menselijke hand op moeilijk bereikbare plekken. Er zijn momenteel bijna driehonderd verschillende soldeer- en lastechnieken in gebruik.

De spijker (3500 v.C.)

Zo'n 3500 jaar geleden werden in Mesopotamië metalen plaatjes aan elkaar en op hout, steen of koper bevestigd met leren riempjes of met pennen van hout of bot. Deze manier van bevestigen was echter niet zo sterk en zou plaatsmaken voor een soort pen van gehamerd koper en later van brons: de spijker. De Mesopotamische spijkers van verschillende afmetingen lijken als twee druppels water op de spijkers die wij tegenwoordig gebruiken, maar het koper en brons dat zij gebruikten is veel te zacht naar onze maatstaven. Pas met het ijzer komt er weer schot in de ontwikkeling van de spijker.

Een uitvergroting
Zo stelde de renaissanceschilder Fra Angelico zich de spijkers van de kruisiging voor.

Het schrift (3200 v.C.)

De geboorte van het schrift

Op de kleitabletten van 3200 v.C. die op de plek van de grote tempel in de Soemerische stad Uruk (het huidige Warka in Irak) gevonden zijn, staat beschreven over hoeveel zakken graan en stuks vee de tempel kon beschikken. Het is een inventarislijst. Het schrift is dus eigenlijk niet het kind van de poëzie, maar heeft zijn bestaan te danken aan beheerders en hun lijstjes.

We zien ze al voor ons, die eerste ambtenaren met hun voorraadlijsten die steeds langer worden naarmate de landbouw en de bevloeiingstechnieken vorderen, de welvaart stijgt en de overschotten groeien. Woord en geheugen volstaan niet meer om deze voorraden bij te houden. Het is dan beter zijn toevlucht te nemen tot geheugensteuntjes zoals de mens die al sinds de dageraad van het neolithicum gebruikt: inkepingen in een stuk bot of hout, aardewerken beeldjes, haastig gekerfde tekens op een ronde kei.

Boekhouden en noteren, dat is iets wat echt nodig is binnen gemeenschappen met enkele duizenden leden, zoals Uruk, de eerste stad aan de oevers van de Eufraat, die belangrijke handelsbetrekkingen onderhoudt met het buitenland.

Het schrift van de goden

Maar doen we de menselijke geest geen onrecht als we deze geweldige uitvinding reduceren tot een boekhoudkundige innovatie? En wat als de oorsprong van het schrift gezocht moet worden in meer spirituele sferen? In Mesopotamië is het lezen van voortekenen, met name in de ingewanden van dieren, praktijk van alledag: zieners en tempelpriesters ontvangen boodschappen van de goden. En als ze die nou eens opgetekend hadden zoals die zieners uit China, die andere bakermat van het schrift?

De oudst bekende geschreven karakters in China dateren van de 13e eeuw v.C. Ze staan geschreven op ‘drakenbeenderen’, eigenlijk herten- en runderbotten en buikschilden van schildpadden: de zieners verhitten deze voorwerpen om de verschenen barstjes te interpreteren. Binnen de Chinese traditie wordt het schrift gezien als een geschenk van de goden. Voor de oude Egyptenaren verscheen het in het 4e millennium voor onze jaartelling aan de oevers van de Nijl. Betekent het woord hiëroglyfe eigenlijk niet ‘geschrift van de goden’? De hiëroglyfen zijn door de god Thot, met de ibiskop, aan de mensen gegeven.

Almachtige boekhouders

Het is veelbetekenend dat het schrift ontstaan is binnen de setting van stadsgemeenschap-

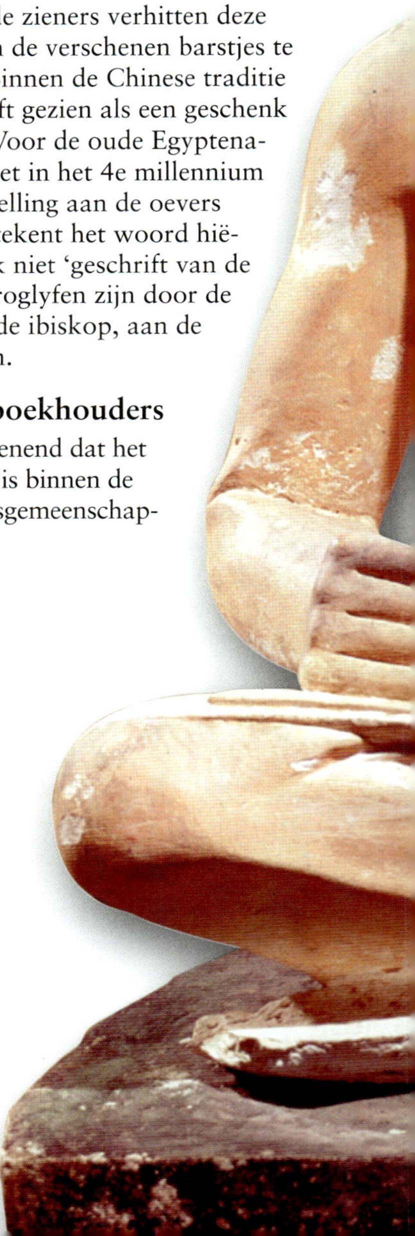

***Magische tekens** werden gegrift in dit Chinese orakelbot van veertig eeuwen geleden (boven), maar dit spijkerschrift van tussen 3200 en 3000 v.C. is een handelsinventaris (rechts).*

Een belangrijk persoon
De schrijver, zoals deze uit het 3e millennium voor onze jaartelling, bekleedde een sleutelfunctie in het oude Egypte.

De positie van schrijver

'Word schrijver, want dan hoef je je niet moe te maken en blijven je een heleboel inspanningen bespaard.' Dit advies uit 1225 v.C. zegt veel over de positie van schrijvers in de Egyptische samenleving. De schrijver is een geletterde wiens handen nooit vuil worden van werk op het veld. En als hij zich bukt, is dat over de papyrusrol waarop hij noteert wat er allemaal in het rijk van de farao's gebeurt. Als ambtenaar is hij een onmisbaar radertje in het Egyptische overheidsapparaat. Zijn taak is zwaar en hij heeft een paar voorrechten, zoals ontheffing van belastingen, te danken aan een lange leerweg in het Ankhhuis van de tempel. Hij moet inkt en penselen leren maken voordat hij aan de slag mag met de ongeveer zevenhonderd hiëroglyfen van het Nieuwe Rijk.

Een brief en zijn aardewerken envelop
Deze kleitabletten uit Cappadocië van 2000-1800 v.C. zijn de ouderwetse maar vindingrijke tegenhanger van onze brievenpost.

pen, met hun sociale en politieke klassen, een gevestigde godsdienst en een intens handelsverkeer op basis van de beheersing van de metallurgie.

Het spijkerschrift, met tekens die samengesteld zijn uit wigvormige indrukken in de klei, zag in Uruk het levenslicht. Het verspreidt zich heel snel over het land om daarna, aan het einde van het 3e millennium voor onze jaartelling, het hele Nabije Oosten te overspoelen. In Egypte verschijnen de eerste proto-hiëroglyfen in het 4e millennium voor onze jaartelling, maar het echte schrift wordt pas officieel met de politieke eenmaking van het rijk. Steeds komt het schrift tegemoet aan de eisen van een gecentraliseerde administratie: een leger van schrijvers hier en van mandarijnen daar, die de bevolking inventariseren, kadasters opstellen en de oogsten bijhouden.

Wetten maken en corresponderen

De handel ontsnapt niet aan de controle van de macht over de rijkdommen van het land. Via handelscontracten kan het goederenverkeer gevolgd worden. Mesopotamië en Egypte onderhouden niet alleen handelsbetrekkingen, maar ook diplomatieke relaties.

Het schrift is onmisbaar voor de politieke betrekkingen met het buitenland; er worden ver-

Plaatjes die je meteen begrijpt

Aan de wieg van elk schrift staat het pictogram, een meer of minder gestileerde tekening die naar een zaak, een wezen, maar ook een idee verwijst (vandaar ook de veel gebruikte term ideogram). Op de oudste Mesopotamische documenten komen we vaak een zak graan of een hand tegen die waarschijnlijk een eigendomsakte tekent. Deze tekeningen zijn meteen leesbaar, maar voor de Soemerische tabletten is veel meer kennis nodig om de gestileerde kop van een rund meteen te herkennen als het dier zelf of om het woord 'hemel' te herkennen in de boog boven een horizontaal vlak.

De afstand tussen het karakter en de werkelijkheid waarnaar het verwijst, wordt alleen maar groter met het spijkerschrift en het Chinese schrift, die alleen maar uit hoeken en rechte lijnen bestaan. De Egyptische hiëroglyfen trekken zich niets aan van deze ontwikkelingen en zijn gewoon onmiddellijk herkenbare plaatjes, zo lijkt het tenminste: ze zijn zo gedetailleerd dat de specialisten nu nog kunnen determineren welke soort vogel gegraveerd is in de steen, en welke plant geschilderd is op de papyrus.

Transcriptie van klanken

Deze schriften hebben een gemeenschappelijke ontwikkeling. Geleidelijk wordt het systeem complexer, wanneer hele zinnen moeten worden weergegeven zoals ze worden uitgesproken: de syntaxis wordt geboren. Of liever gezegd: het teken dat tot dan toe de representatie was van een zaak of begrip, moet nu de transcriptie worden van de uitgesproken klanken. Een teken kan dus zowel verwijzen naar een woord als de vertaling zijn van de klank van dat woord. Het Soemerische pictogram van een pijl kan dus betekenen

deze pijl, ofwel de klank *ti*, maar ook 'leven', dat ook uitgesproken wordt als *ti*. Zo zal de hiëroglyfe van de hak zowel verwijzen naar dit landbouwwerktuig van de Egyptenaren als naar de liefde, het homofone woord (beide worden uitgesproken als *mer*). Het naast elkaar bestaan van ideogrammen en fonetische tekens leidt op zijn beurt weer tot determinatieve tekens die even zoveel sleutels zijn voor de bepaling van de categorie waartoe een karakter behoort.

dragen in vastgelegd. In de 14e eeuw v.C. beklaagt Assur Uballit, koning van Assyrië, zich op de volgende wijze tegenover farao Amenophis III van Egypte omdat hij het beloofde goud in ruil voor de ondertekening van het vredesakkoord niet gekregen heeft: 'In jouw land is goud gelijk het stof; je hebt het gewoon voor het oprapen. Waarom ben je dan zo vrekkig?' Zijn boodschap is gegrift in een van de kleitabletten die in 1887 gevonden zijn in Amarna (Egypte) en maakt deel uit van de uitgebreide diplomatieke correspondentie van de farao's Amenophis III en IV. De brief is geschreven in spijkerschrift, wat betekent dat er al officiële vertalers bestonden en dat het schrift de grenzen van Soemerië had overschreden.

Van Soemerië tot China

In de karakters van het spijkerschrift kan zowel het Soemerisch als het Akkadisch opgetekend worden, de taal van de Semieten, die in 2000 v.C. na de Soemeriërs over heel Mesopotamië zouden heersen. Spijkerschrift werd verder geschreven in de koninkrijken Babylonië en Assyrië, in Elam en het Perzische rijk, maar ook bij de Hittieten in Anatolië, in het koninkrijk Oerartoe in Armenië en bij de Kanaänieten in Palestina.

Lectuur
Detail van het Dodenboek, *uit de graftombe van Thoetmosis III te Thebe (afbeelding links).*

In Azië draagt het Chinese schrift bij aan de culturele en politieke eenwording van het Rijk van het Midden; daarna wordt het schrift ook overgenomen door de Koreanen en Japanners.

Een van de voordelen van deze toch tamelijk complexe schriftsystemen is dat het karakterteken van een woord zozeer losstaat van diens klank dat de geschreven karakters van de ene taal makkelijk overgenomen kunnen worden door een bevolking die een andere taal of ander dialect spreekt.

Van geschreven wetten naar literatuur

De teboekstelling van religieuze en politieke regels draagt direct bij aan de inrichting van samenlevingen. 'Om recht te spreken in het land, om het slechte en tegennatuurlijke uit te bannen en opdat de sterke de zwakke niet onderdrukt', met deze woorden brengt koning Hammurabi van Babylon (1793-1750 v.C.) de wetten die het land leiden samen in een wetboek. Hij publiceert het wetboek, dat zijn naam draagt, tevens om 'als een zon te verschijnen aan de volken en het land te verlichten'.

De mensheid heeft sindsdien een bijna onverwoestbaar geheugen: met het schrift worden de historie en de literatuur geboren. Het is zeker geen toeval dat een van de oudste vertellingen verhaalt over de zoektocht naar onsterfelijkheid van de legendarische koning Gilgamesj, van Uruk. Het werk is ontstaan in de eerste eeuwen van het 2e millennium voor onze jaartelling en beslaat drieduizend verzen op elf tabletten. Gilgamesj is niet geslaagd in zijn queeste, maar is wel onsterfelijk geworden omdat hij het opgeschreven heeft, zo benadrukt het verhaal. Hij heeft ons ook andere vertellingen nagelaten, zoals dat van de zondvloed, dat door de Bijbel is overgenomen.

Naar een alfabet

Van de eerste geschriften zijn alleen de Chinese karakters nog in zwang. Hun schrijfwijze is in de 4e eeuw v.C. vastgelegd en is bijna onveranderd zo gebleven tot de schrifthervorming van de communisten in 1956. Het Egyptische schrift heeft het einde van het rijk der farao's niet overleefd. In de 3e eeuw v.C. werd in het Egypte van de Ptolemaeën het Griekse alfabet ingevoerd. De hiërati-

De houding van de schrijvers *op de afbeelding geeft aan dat ze opschrijven wat de koning hun aan het dicteren is (afbeelding links).*

Na dertig eeuwen *is er bijna geen verandering gekomen in de Chinese karakters. De ideogrammen hierboven dateren van de 4e eeuw v.C. Ze zijn hetzelfde als de huidige neonreclames in een straat van het moderne Sjanghai.*

***De beroemde steen van Rosetta**, met daarnaast een kleitablet met zegel, illustreert in haar eentje heel de magie van het schrift.*

sche lettertekens, een van de Egyptische lopende schriften, bleven in gebruik voor het kopiëren van religieuze teksten. Ze gingen echter verloren in de 4e eeuw toen de tempels gesloten werden en de schrijvers zich over het land verspreidden.

Het spijkerschrift had als nadeel dat het alleen geschreven werd door de elite. Toen Babylonië uiteenviel onder de heftige Perzische invallen (539 v.C.), werd het geheugen van de oude Mesopotamische beschavingen opgeslokt. Het werd pas herontdekt met de ontcijfering van Akkadische en Soemerische inscripties tussen 1851 en 1905.

De Fenicische revolutie

Voordat het spijkerschrift wegzonk in een lange vergetelheid, heeft het een andere erfenis aan de mensheid nagelaten: het eerste alfabet, dat in de 14e eeuw v.C. in Oegarit (Syrië) werd uitgevonden. De 22 lettertekens zijn allemaal medeklinkers, de lezer moet zelf de klinkers tussenvoegen. Maar er is een beslissende stap genomen: een twintigtal fonetische tekens waarmee alles geschreven kan worden! Deze revolutionaire uitvinding komt via de Feniciërs (volk van kooplieden dat gevestigd was aan de Syrisch-Libanese kust) in het Westen. De Grieken maken er zich meester van en passen het aan hun taal aan door er klinkers aan toe te voegen: de 24 letters van het Griekse alfabet werden vastgelegd in de 5e eeuw v.C. Het vaderland van de democratie krijgt de beschikking over een stuk gereedschap waarmee een groter aantal mensen kan leren lezen en schrijven, en dus zich kan ontwikkelen en uitdrukken.

***Dit Kretenzische kleitablet** van 1500-1400 v.C. is opgesteld in het lineair B, dat in de 20e eeuw werd ontcijferd. Het schrift daarvóór, lineair A, blijft een mysterie.*

***De mobieltjes** hebben met SMS een specifieke taal opgeleverd die misschien wel verloren gaat en niet meer te ontcijferen valt. Deze boodschap betekent: 'Wacht je even? Bedankt. Tot straks.'*

Niet te ontcijferen schriften

Jean-François Champollion ontcijferde in 1822 de Egyptische hiëroglyfen dankzij de steen van Rosetta waarop eenzelfde tekst was gegrift in hiëroglyfen, in demotisch (een Egyptisch lopend schrift dat in de 3e eeuw ontstond) en in het Grieks. In de tweede helft van de 19e eeuw slaagde de Engelse luitenant Rawlison erin de geheimen van het spijkerschrift te ontraadselen dankzij een andere drietalige inscriptie op de rots van Behistoen in de Zagrosbergen van Iran. Michael Ventris, die in 1952 het lineair B van de Kretenzers en Mycenen ontcijferde, had alle gesproken talen geleerd die vanaf 4000 jaar geleden rond de Middellandse Zee werden gesproken! Maar met lineair A (1750-1450 v.C.) is hem dat niet gelukt. Ook niet te doorgronden is de taal van de bouwers van Mohenjo-Daro en Harappa in de Indusvallei (3e millennium voor onze jaartelling). De betekenis van alle teksten (meestal op zegels) van deze beschaving, een van de vier bakermatten van het schrift, blijft ons ontgaan.

Het zegel
(3200 v.C.)

In dezelfde tijd van het schrift vinden de Mesopotamiërs de brief en de envelop uit – van klei. Om de laatste te sluiten en het erin vervatte document te waarmerken wordt het geheel verzegeld met een zegel van een gepolijste steen met graveringen. Het zegel laat een afdruk achter in de zachte klei, waaraan de schrijver van de brief voor de ontvanger te herkennen is.

Een handtekening

Het zegel is een handtekening waarmee de ondertekenaar zich verplicht. Het wordt gezet op officiële documenten, diplomatieke overeenkomsten en alle handelstransacties. Het bezegelt tevens de overeenkomsten tussen particulieren. We vinden het dus in alle oude beschavingen die de handel als pijler hebben.

Iedere cultuur heeft zijn eigen stijl. De zegels van speksteen (een zachte poederige steensoort) van de Indusbeschaving worden gekenmerkt door dierintaglio's. De Minoïsche beschaving gebruikt dezelfde makkelijk te bewerken steensoort, maar kerft er karakters in, waaronder de eerste Kretenzische hiëroglyfen. De aanwezigheid van een zegel buiten zijn 'geboortegebied' duidt op het bestaan van grensoverschrijdende handels- of diplomatieke betrekkingen.

Kunstzinnige graveurs

Tussen de Eufraat en de Tigris worden cilinderzegels gegraveerd, terwijl in de andere beschavingen alleen platte zegels worden vervaardigd. Wanneer men met zo'n cilinderzegel als een soort deegroller over natte klei rolt, openbaart zich een waar miniatuurmuurreliëf. Omdat de beschikbare ruimte op een cilinderzegel groter is dan op een plat zegel, is de beeldtaal ook veel rijker: mythologische taferelen, religieuze scènes, voorstellingen van gevechten of uit het dagelijkse leven verschaffen de onderzoekers waardevolle informatie over het leven van toen. Ook binnen de familiekring wordt het zegel, die niet te vervalsen matrijs, gemeengoed.

Een kostbare handtekening
Een Soemerisch cilinderzegel uit het 3e millennium voor onze jaartelling (links) en zijn afdruk (boven).

Een stempel van gewicht
Deze zware bronzen stempel van de Chinese Handynastie (200 v.C.-220 n.C.) is ingelegd met goud; hij is versierd met een schildpad, het symbool van de eeuwigheid.

De boekdrukkunst

In China worden zegels gewoonlijk uit jade gesneden. Onder de duizenden Chinese tekens kan makkelijk een keus gemaakt worden die een bijzondere handtekening oplevert. De blokvormige Chinese zegels dragen voornamelijk karakters. Met inkt bedekt worden het stempels die afgedrukt kunnen worden op papier. Ze zijn zo'n beetje de voorloper van de drukletters die je op regels zet om teksten samen te stellen.

De dragers van het schrift

Van steen naar papyrus

Het schrift bestaat per definitie niet zonder de drager waarop het geschreven wordt. De gebruikte materialen waarop in de vroegste tijden gegrift, geschilderd of getekend werd, zeggen genoeg over de eerste beschavingen van het geschreven woord.

***Een Egyptisch schoolschrift** van 3500 v.C.: twee houten plankjes met hiëratisch schrift.*

De mens, die een duurzaam spoor wil nalaten van zijn ronddolen op aarde, heeft in de steen een natuurlijke drager gevonden van zijn geschriften. De hiëroglyfen op de muren van de Egyptische tempels verhalen voor het nageslacht over de grootse daden van de farao's. In de diepste graftomben, verblijven van de eeuwigheid, zijn de wanden nog altijd beschreven met magische formules die de ziel van de overledene moesten geleiden door de onderwereld. De steen roemt de Egyptische beschaving. Ze overhandigt ons via deze hiëroglyfen die prachtig zijn, zelfs al is hun betekenis verborgen voor ons – zijn geschiedenis, zijn spiritualiteit, zijn kunst en zijn wetboeken. En uit Mesopotamië komt dat grote, meest complete wetboek, de *codex Hammurabi* (18e eeuw v.C.), dat gegraveerd is op een stèle die bewaard wordt in het Louvre te Parijs.

Kostbare kleitabletten

Van de geschiedenis van de Mesopotamische wereld zijn we het meest te weten gekomen uit, meestal fragmentarische en breekbare, kleitabletten. Deze naar de mode van die tijd vierkante of afgeronde tabletten geven aan de koninklijke annalen (religieuze geschriften, medische of letterkundige teksten) een ontroerende stoffelijkheid. Voordat er met een schrijfriet in het kleitablet gegrift kan worden, moet het gekneed en gevormd worden door de schrijver, die altijd vochtige bolletjes klei bij de hand heeft. Zodra een tablet gevuld is met tekens, die uitnodigen om ze met de vinger te volgen, wordt het in de zon te drogen gelegd of in de oven gebakken. Vervolgens worden ze net als onze boeken gerangschikt op schappen in de koninklijke bibliotheek of privéboekenkast.

Vanaf het 2e millennium voor onze jaartelling vinden we houten of ivoren plankjes die bedekt zijn met een laagje was. Plankjes die bij elkaar horen, worden soms twee aan twee met elkaar verbonden door middel van metalen scharnieren: zo'n zogenoemd polyptiek, verre voorloper van het boek, wordt geopend als een kamerscherm.

Het kleitablet blijft niettemin de favoriete drager van het Mesopotamische schrift. Hoe zou het ook anders? Klei en riet (waar het schrijfriet van gemaakt is) zijn de grondstoffen bij uitstek van dit gebied. Het spijkerschrift zou overigens niet geweest zijn wat het nu is als het niet in zachte aarde was opgetekend. Je kunt er onmogelijk gracieuze booglijnen of tekens die krioelen van de details in kwijt! Rechte lijnen moeten het zijn, en het schrijfriet, dat meer of minder diep in de zachte klei wordt gedrukt, bepaalt de hoek. Het spijkerschrift is echt een driedimensionaal schrift.

Papyrus, een geschenk van de goden

Egypte heeft van de Nijl, naast andere geschenken, de papyrus gekregen. Vanaf 2500 v.C. voorziet deze plant niet alleen in touwwerk, matten en sandalen, maar levert hij de schrijvers een voortreffelijke drager voor hun schrif-

Allemaal dragers
Papyrus was schaars, dus gebruikten de Egyptenaren ook potscherven voor gewone berichten of schetsen (zie hiernaast). Rechtsonder ziet u wild papyrusriet. Hieronder ziet u hoe papier gedroogd wordt in China (18e eeuw). En helemaal beneden ziet u een perkamentrol met een Hebreeuwse bijbeltekst (18e eeuw).

Inkt, een gedachte die sporen nalaat

Om op papyrus te kunnen tekenen gebruikt de Egyptische schrijver twee inkten: zwarte inkt, die het meest wordt gebruikt, en rode, waarmee de namen van goden worden geschreven om zich daarmee te verzekeren van hun welwillendheid. De diepzwarte inkt wordt gemaakt door menging van roet en Arabische gom. Hij lijkt veel op de Chinese zwarte-inktformule waarin zwavelijzer aan het sap van de lakboom wordt toegevoegd. Rode inkt werd verkregen uit rode oker of cinnaber, ofwel rood kwiksulfide. De inkt was altijd in poedervorm; de schrijver verdunde die met water tot de gewenste dikte en dekking.

werk. De in repen gesneden stengeldelen van het riet worden kruiselings over elkaar gelegd als een soort vlechtwerk en vervolgens geperst. Daarna worden de vellen gedroogd en gepolijst tot een mooi glad oppervlak. De vellen worden met behulp van een zetmeelpapje aan elkaar geplakt en opgerold. Zo'n rol wordt tijdens het schrijven met de linkerhand afgerold. Papyrus wordt alleen gebruikt voor belangrijke teksten; gewone berichten worden opgetekend op platte stenen of pottenscherven (*ostraca*).

Als penseel wordt de geplette en gerafelde top van het riet gebruikt, die goed over het papier glijdt. Het materiaal leent zich niet goed voor het schilderen van hiëroglyfen. Daarom worden de karakters eenvoudiger, en wordt het schrift lopend. Het hiëratisch schrift is onlosmakelijk verbonden met deze drager van plantaardige vezels.

De Chinezen vinden het papier uit

Nieuwe papyrus is duur, grotendeels omdat de staat de export ervan profijtelijker vindt voor de schatkist. De Egyptenaren kennen ook perkament, een dierenhuid die gereinigd wordt in een kalkbad en vervolgens gladgeschuurd. Deze drager vergt echter nog meer werk om te maken. Alleen in de westerse middeleeuwen wordt perkament verkozen boven papyrus. Ondertussen hebben de Chinezen in de 2e eeuw het papier uitgevonden. Het schrift vindt in deze uitvinding weergaloze verspreidingsmogelijkheden. Pas in de 12e eeuw bereikt het papier het Westen.

Wijn (3200 v.C.)

Ze hebben de nectar van de goden gevonden

Het is een lange weg, van wilde wijnstok, die omstreeks 7000 v.C. in beeld kwam, tot de geboorte van de eerste wijngaard. Wijn is met bier een van de oudste dranken die de mens vervaardigd heeft.

De plantkunde beschrijft zo'n zestig wijnsoorten, waarvan op hun beurt ook weer andere variëteiten zijn afgeleid. Een van deze soorten, *Vitis vinifera*, draagt vruchten die bij gisting wijn opleveren. Ze zou na de laatste ijstijd zijn verschenen. Veel planten hebben geprofiteerd van de opwarming van het klimaat en zich over de warme klimaatzones

Een eeuwenoud ambacht
Vijftien eeuwen voor onze jaartelling hadden de Egyptenaren de kunst van het wijn maken al te boek gesteld. En de Romeinen (zie bas-reliëf) produceerden al echte 'grand cru's'.

van Centraal-Azië en het Midden-Oosten verspreid. In het gebied van de Kaukasus hebben plantkundigen meerdere wilde wijnsoorten gedetermineerd die nauw verwant zijn met *Vitis vinifera*. Aannemelijk is dat de soort in dit deel van de wereld ontstaan is. Het is in ieder geval bijna zeker dat de eerste wijnsoorten natuurlijke hybridisatie hebben ondergaan; misschien heeft de mens daar ook een steentje aan bijgedragen om de beste variëteit te krijgen voor de productie van wijn. De aanwezigheid van druivenpitten op paleolithische vindplaatsen van het 7e millennium voor onze jaartelling duidt erop dat er al druiven verzameld werden in die tijd. Niets wijst er echter op dat de wijnstok al vóór het 6e millennium voor onze jaartelling in cultuur werd gebracht. Voor een geregelde productie moet de stok immers aan het einde van de rustperiode gesnoeid worden, en waarschijnlijk werd deze taak eerst verricht door kudden geiten en schapen die elke lente de jonge loten afgraasden. Deze primitieve manier van snoeien staat dus in verband met hun domesticatie.

De eerste door de mens onderhouden wijngaard gaat terug tot ongeveer het begin van het derde millennium voor onze jaartelling, wanneer de Egyptenaren (en misschien de Feniciërs) wijnstokken beginnen te planten en onderhouden door ze elk jaar te snoeien. Bewezen is dat er bijna 200 jaar later wijnbouw was in Mesopotamië en de gebieden rond de Zwarte Zee.

De kunst van de wijnbouwer

De eerste druiven kwamen gewoon op de fruitschaal. De ontdekking van de wijn (ofwel gegist druivensap) is vrijwel zeker aan het toeval te danken: laat de sappige druiven een paar uur in de volle zon staan en het gistproces komt vanzelf op gang, dat wil zeggen dat de natuurlijke druivensuikers geleidelijk worden omgezet in alcohol. Zoals veel andere voedingsmiddelen die onmisbaar zijn geworden, is ook wijn geboren uit nalatigheid en verzuim. De productie breidde zich in de oudheid uit over alle landen van de Middellandse Zee.

Zoals blijkt uit tal van vondsten werden in de wijnbouw bijna dezelfde technieken toegepast als vandaag. De stok wordt elk jaar gesnoeid en de druiven worden in de herfst geoogst; in Egypte gebruikte men daarvoor grote rugmanden van wilgentenen. Vervolgens worden de druiven in grote houten vaten met de voeten geplet en gekneusd; op dat moment begint ook de gisting. Het sap en de schillen worden dan overgebracht in gedeeltelijk afgesloten aardewerken kruiken om verder te gisten. Daarna wordt het mengsel

In deze initiaal van de Traité de médecine *van Aldebrand de Florence (1356) vindt u een opmerkelijk precieze miniatuur van een wijnpers. Aan wijn werden toen al geneeskrachtige eigenschappen toegeschreven.*

De vorm van de kruik *is ontworpen door de Egyptenaren en 15 eeuwen later overgenomen door de Romeinen onder de naam amfora. Hierin werd wijn vervoerd en ook bewaard.*

Een zeer gewaardeerd vergif

De Perzen beweerden dat een van hun oude koningen een kruik met druiven had gevuld en deze glad vergeten was. Toen hij de verandering na fermentatie constateerde, zag de verstandige monarch ervan af ze te proeven en liet het woord vergif graveren in de kruik om eventuele ongelukken te voorkomen. Maar het geval wilde dat een hofdame zich wilde vergiftigen en... van de drank nam die zogenaamd fataal was. Daardoor kwam ze niet alleen niet om het leven, maar raadde haar vorst deze heerlijke nectar ten zeerste aan. Deze vertelling met gelukkige afloop laat zien dat de mens al heel vroeg de verrukkingen van de roes kende.

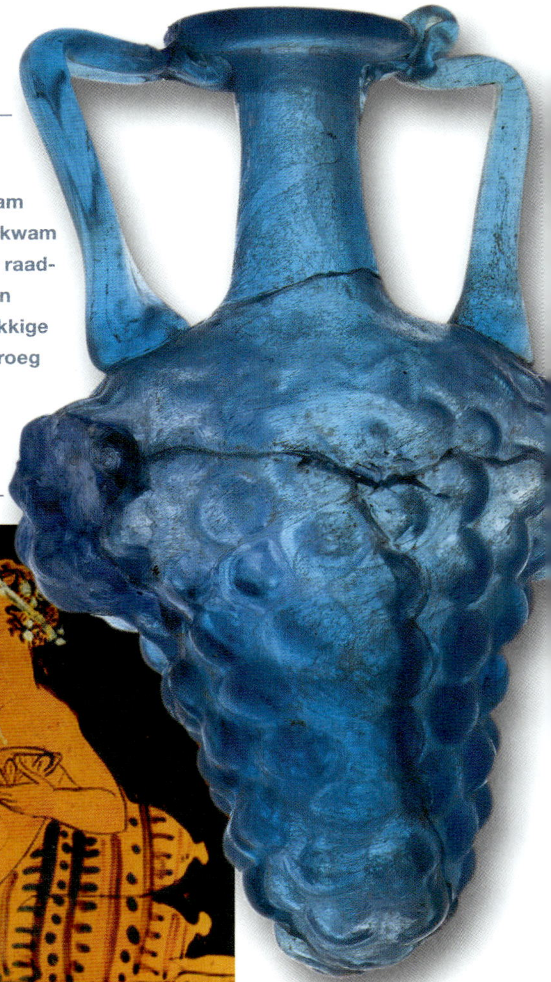

Opperste verfijning
Een karaf in de vorm van een druiventros bestemd voor de feesten van een patriciër uit de Gallo-Romeinse periode (2e eeuw).

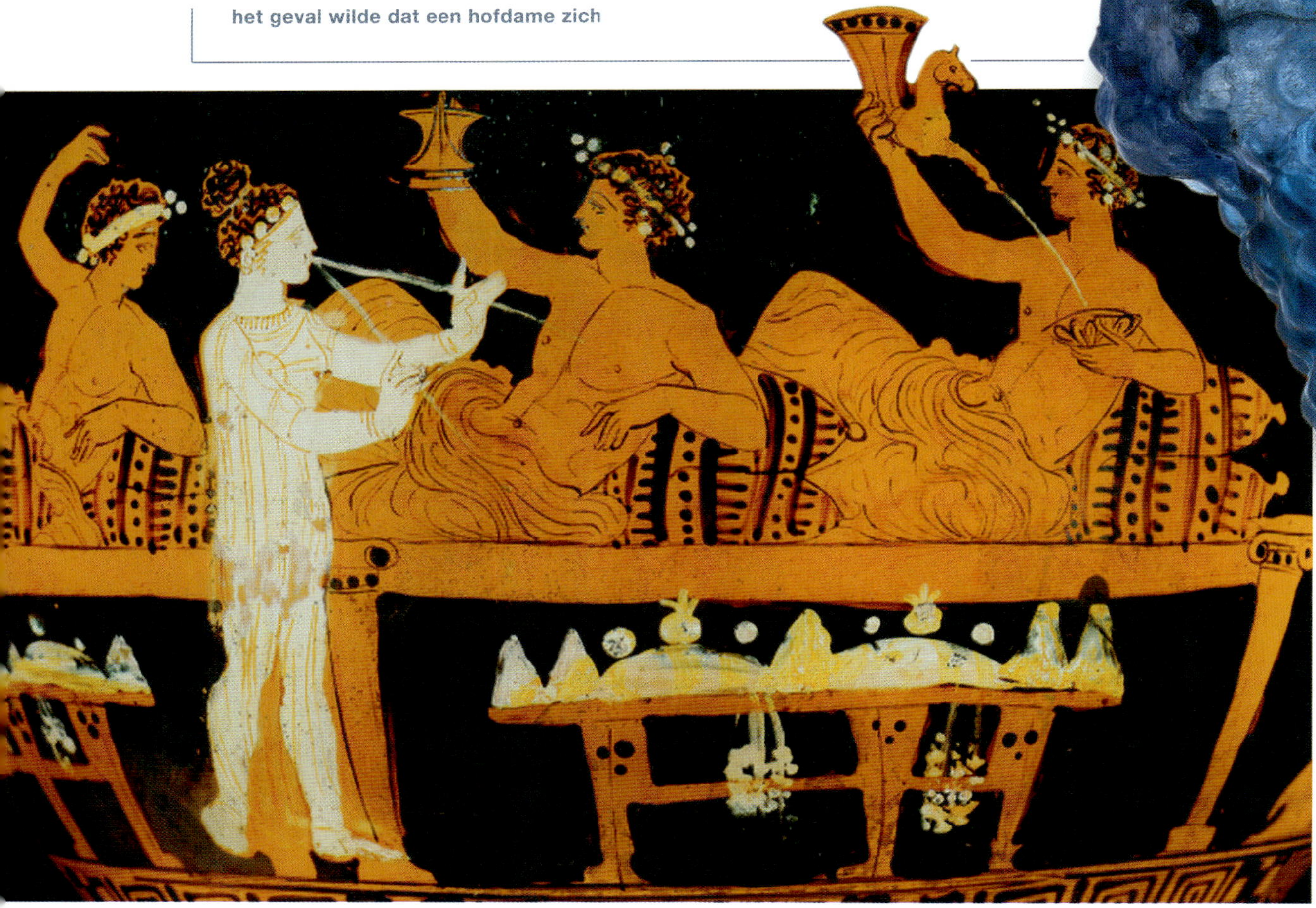

Levenskunst
De Dionysische drank is het middelpunt van dit drinkgelag op een Attische vaas uit de 4e eeuw v.C.

gefilterd en gearomatiseerd, voordat het opgeslagen wordt in verzegelde kruiken. Druiven zijn niet de enige vruchten waarvan wijn gemaakt kan worden. Ook het sap van de palm en de dadel wordt gefermenteerd.

De smaak van wijn

De praktijk van verbouwen en vervaardigen van wijn mag dan misschien weinig veranderd zijn in de loop der tijd, maar dat geldt niet voor de smaak van de wijn. Wij zouden heel raar opkijken bij het proeven van die godendranken van de oudheid.

Om de conservering te bevorderen werden gewoonlijk allerlei ingrediënten toegevoegd aan de wijn: in Egypte gesuikerd dadelsap, in Griekenland honing en kruiden, in China peper. De Grieken, die van lichte wijnen houden, vermengen haar met water; de Romeinen hebben weer een uitgesproken voorkeur voor stroperig zoete wijnen en beklagen zich over de bittere smaak van de Gallische wijnen. In de middeleeuwen drinken ze volle, opwekkende wijnen die sinds de Gallische tijd bewaard worden in houten vaten. In de loop der eeuwen hebben de wijnen zich steeds verder ontwikkeld. Naarmate er nieuwe variëteiten worden ontdekt die beter toegerust zijn voor een bepaald lokaal klimaat, worden daarvoor ook de beste gronden opgespoord. In Soemerië stonden de bergwijnen van de hoge wijngaarden als beter bekend dan die uit de vlakte. Deze vaststelling deed de Romeinse dichter Vergilius enkele eeuwen later opmerken dat 'wijngaarden van de open hoogvlakte houden'. In de oudheid vervoeren de koopvaardijschepen van de Middellandse Zee verschillende soorten wijn in amforen

DE GROTE VERSCHEIDENHEID AAN ALCOHOLISCHE DRANKEN

*De kava-**ceremonie** op de Fiji-eilanden, rituele drank van de zuidelijke Stille Oceaan.*

Lang voor druivensap maakten de eerste sedentaire mensen al alcoholische dranken uit de gisting van allerlei grondstoffen. In het Nabije Oosten van het 5e millennium voor onze jaartelling werden gerst, tarwe en gierst met water vermengd in grote potten in de zon gezet; onder invloed van de warmte en de natuurlijke gisten op de granen produceerde dit vloeibare brooddeeg een soort bier dat gearomatiseerd werd met kruiden of dadelsap. In China werden in het 2e millennium voor onze jaartelling rijst en gierst gegist tot *choo*. In de 9e eeuw v.C. werd in India en Sri Lanka rijst gegist met melasse of palmsap om een drank te krijgen die vandaag de dag nog wordt gedronken, te weten *toddy*, in Sri Lanka *arak* genoemd. De Japanners gebruikten alleen rijst en maakten daarvan een alcoholische drank die tegenwoordig nog altijd erg populair is: *sake*. In dezelfde tijd maakten de Aziatische nomaden, de Tataren en de volkeren van de Kaukasus een drank van gegiste paardenmelk: *khoumiss* of *kefir* (afhankelijk van de regio). In Zuid- en Midden-Amerika werd (en wordt nog steeds, maar nu op industriële wijze) *pulque* bereid uit het sap van de agave; met *pulque* wordt het mogelijk te communiceren met de goden. De Maya's maakten uit honing, vermengd met kruiden, een koolzuurhoudend brouwsel, *balche* genaamd. Van de talloze alcoholhoudende drankjes van de Andesvolkeren van Peru en Bolivia wordt het oudste, *chicha* of maïsalcohol, nog altijd het meest gedronken.

***De agave** is een plant waarvan het gegiste sap* pulque *wordt genoemd, een nog altijd gewaardeerde drank (zie links).*
***Bier brouwen** in het Egypte van het Oude Rijk (zie rechts).*

van de ene kust naar de andere: Rome wil wijn uit Pelusium, een beroemde wijnregio in de Nijldelta, en de Grieken van het ptolemaeïsche Alexandrië laten producten uit hun geboorteland komen tegen hoge invoerkosten!

Een omweg met gruwelijke gevolgen

Alle wijnstokvariëteiten van Europa, van de Griekse muskaatdruiven van de oudheid tot de *pinot noir* van de Bourgondische abdijen, komen van dezelfde stam, *Vitis vinifera*, de wijnstok die al eeuwenlang Europese wijnstok wordt genoemd. Op het moment van de verovering van de Nieuwe Wereld hebben de kolonisten op Amerikaanse bodem nieuwe wijnstoksoorten ontdekt waarmee ze wijn hebben proberen te maken. De resultaten waren middelmatig en daarom probeerde men de Europese wijnstok aan het klimaat aan te passen, maar zonder succes. De kolonisten wisten niet dat de Amerikaanse soorten ondanks hun minder goede wijneigenschappen wel een opmerkelijke resistentie ontwikkeld hadden tegen een druivenparasiet, *phylloxera* of druifluis. Toen dit ongedierte Europa bereikte aan het begin van de 20e eeuw, werden alle wijngaarden van de Oude Wereld aangetast en moesten in enkele jaren worden opgeruimd. Tegenwoordig worden Europese wijnsoorten geënt op Amerikaanse planten, zodat ze resistent zijn tegen druifluis en toch goede druiven produceren. Alle hedendaagse planten van de Chardonnay en de Cabernet-Sauvignon zijn uit die research voortgekomen. Tegenwoordig bieden geënte wijnstokken en uit kruising verkregen hybriden de wereld van de wijnbouwers een heel scala aan wijnstokvariëteiten: wit of blauw, vroegrijp of laat, meer of minder aromatisch, met een grote of kleine opbrengst. Buiten de gebieden waar altijd al aan wijnbouw is gedaan en de traditie van vader op zoon wordt doorgegeven, is het nu mogelijk op wetenschappelijke wijze de beste wijnstokvariëteit te kiezen bij een bepaalde grond, hoeveelheid neerslag, temperatuur en natuurlijk de soort smaak die men wil krijgen.

***De fluit** bepaalt het ritme waarin deze dansers op een schildering van de Australische Aboriginals dansen.*

Deze Chinese muzikante uit de 7e eeuw improviseert haar melodieën op een panfluit.

***Benen fluit van het paleolithicum,** gevonden in Baskenland (afbeelding rechts).*

De fluit
(3200 v.C.)

De oorsprong van de fluit, een van de oudste muziekinstrumenten, moet gezocht worden in een stuk riet of hol bot waarop geblazen werd om een vogel te imiteren, een roofdier weg te jagen, alarm te slaan bij gevaar of kwade geesten te verjagen. Archeologen hebben recent in de grot van Isturiz in Baskenland waarschijnlijk de voorvader van alle fluiten ontdekt. Dit instrument, dat aan het begin van het aurignacien (20 000 jaar voor onze jaartelling) gemaakt werd van een vogelbot, heeft hetzelfde model als die welke op veel plekken gevonden worden, maar dan van het azilien, zo'n 14 000 jaar later. De eerste afbeelding van een fluit, op een Egyptische roeispaan met de voorstelling van een fluitspeler, is nog veel jonger, want die dateert van omstreeks 3200 v.C.

Een universeel instrument

In 2700 v.C. bestonden er in China meerdere soorten fluiten, zoals de syrinx (of panfluit), de rechte fluit en de dwarsfluit met centraal blaasgat. Uit ontdekkingen in de graftomben van Ur is komen vast te staan dat de Soemeriërs in diezelfde tijd op dubbele fluiten van zilver of riet speelden. De Egyptische schuine fluit zonder mondstuk verscheen op de drempel van het Oude Rijk en het Middenrijk. Deze werd bespeeld door mannen, had een lage klank en bezat geen halve toonafstanden. Ook deze fluit ging deel uitmaken van de orkesten, naast de al aanwezige klarinet, trompet, hobo, harp en trommel. Net als in de meeste andere beschavingen van de oudheid werd de fluit ook gebruikt bij religieuze ceremonies, als gangmaker bij het werk op de velden en gewoon ter vermaak van de luisteraars.

DRIE EEUWEN PERFECTIONERING

Pas in de 15e eeuw wordt de dwarsfluit 'herontdekt'. Hij wordt meteen aangepast aan de nieuwe mogelijkheden van het muziekschrift. In de 17e eeuw komt de Franse muzikantenfamilie Hotteterre met een beslissende vernieuwing: het instrument, dat vroeger uit één stuk bestond, werd opgedeeld in drie stukken, waardoor het precies kon worden afgesteld door het kopstuk in of uit te schuiven. Begin 18e eeuw krijgt de fluit een vierde afneembaar segment van variabele lengte, waardoor de toonhoogte geregeld kan worden. In 1821 ontwikkelt de Duitse fluitist Theobald Böhm een ingewikkeld mechanisme van kleppen en hefbomen met behulp waarvan de gaten gesloten kunnen worden en meerdere octaven zijn te halen.

De harp (3000 v.C.)

Men heeft ongetwijfeld al heel vroeg ontdekt dat een getokkelde snaar door trilling een klank produceerde. Maar door afwezigheid van modulatie bleef het een monotoon geluid. De harp berust op het idee van modulatie van tonen met behulp van meerdere snaren van ongelijke lengte. Dit idee kreeg pas in de 6e eeuw v.C. zijn theoretische onderbouwing, toen Pythagoras het verband legde tussen tonaliteit en snaarlengte. De oudste harpen die we kennen dateren van het 3e millennium voor onze jaartelling. Ze zijn gevonden in Ur in Mesopotamië, tellen zes tot elf snaren die vastgemaakt zijn aan een verticale gebogen stijl, en worden zittend of geknield bespeeld. In Egypte vinden we ditzelfde model vanaf het Oude Rijk terug.

Een instrument voor zang en dans

Terwijl de Egyptenaren trouw blijven aan hun boogharp, komt later in Mesopotamië de hoekharp in zwang, die zijn naam te danken heeft aan de hoek tussen de lijst waarop de snaren gespannen zijn en de klankkast. In het Egypte van het Nieuwe Rijk heeft de boogharp, of *bint*, zich ontwikkeld tot een groot aantal vormen, en dan met name de grote harp met twintig snaren, overvloedig versierd met allerlei plantmotieven en geometrische vormen. De harp is alomtegenwoordig in de oude beschavingen van het Nabije Oosten en Egypte, maar de Grieken en Romeinen laten de harp geleidelijk links liggen voor de citer en de lier. In Mesopotamië, waar men de muziek van goddelijke oorsprong acht, worden de harp en de andere snaarinstrumenten tijdens rituelen begeleid met zang, trommels en koperinstrumenten. De harp is ook een gewaardeerd tijdverdrijf van de dames van de high society in Egypte. Tijdens huisfeestjes wordt er veel harp gespeeld, maar ook bij gewijde dansen, processies en begrafenisrecepties.

Met het hoofd achterover lijkt deze harpist van Amorgos, een van de Cycladen, al 4300 jaar te wachten op inspiratie.

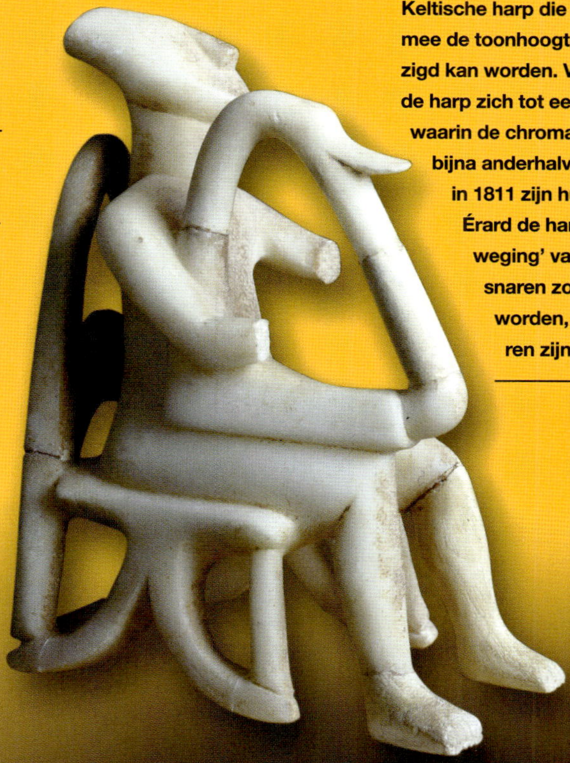

VAN *TRIGONON* NAAR PEDAALHARP

Tegen het einde van het Nieuwe Rijk ontstaat in Egypte de driehoekige harp die versterkt wordt met een zuil; de Grieken noemen hem *trigonon*. Vanaf de 8e eeuw bekend in Europa, wordt hij de voorloper van verschillende harptypen, zoals de Keltische harp die voorzien is van haakjes waarmee de toonhoogte van iedere snaar apart gewijzigd kan worden. Vanaf de renaissance ontwikkelt de harp zich tot een veel complexer instrument waarin de chromatiek zijn vaste plaats krijgt. Na bijna anderhalve eeuw verbeteringen vindt hij in 1811 zijn huidige vorm wanneer Sébastian Érard de harp voorziet van de 'dubbele beweging' van de pedalen. Zo kunnen de snaren zowel langer als korter gemaakt worden, waardoor de tonen te moduleren zijn als op een piano.

Deze (pas gemaakte) traditionele harp uit Eritrea lijkt erg veel op de eerste harpen van de oudheid.

De pottenbakkersschijf (3000 v.C.)

Gereedschap van de ambachtsman

De verschijning van de pottenbakkersschijf, een logisch gevolg van de uitvinding van het wiel, geeft de ontwikkeling van de neolithische keramiek een enorme duw in de rug. De productie wordt grootschaliger en de voorwerpen worden meer divers.

Het eerste aardewerk gaat terug tot het begin van het neolithicum, rond het 8e millennium voor onze jaartelling. In 5000 v.C. is aardewerk in Egypte een belangrijke activiteit geworden. Maar de pottenbakkers van die tijd hadden alleen hun handen om voorwerpen mee te modelleren. Ze leggen kleistroken op elkaar, lijmen ze, drukken rolletjes klei op elkaar om vormen te bouwen en bij te werken. Ze maken het kleioppervlak glad met behulp van een vochtig stukje leer. Soms nemen ze een stamper (of ander bol werktuig) om een holle vorm te maken voor een kom.

De draaischijf, een primitieve pottenbakkersschijf

De uitvinding van het wiel in het midden van het 4e millennium voor onze jaartelling is de aanzet tot andere grote, met name mechanische ontdekkingen. Een van de eerste, ongeveer tegelijk met het wiel, is de draaischijf, die in Ur, Mesopotamië en Perzië opduikt. In het begin is het een primitieve, horizontaal geplaatste schijf van hout of klei die de pottenbakker met de hand kan ronddraaien, zodat hij de klei van alle kanten kan bewerken. Voorheen moest hij zelf om de klei heen lopen.

Omdat de schijf in het midden vastgemaakt is op een verticale as, kunnen we dus echt van een draaischijf spreken, ook al was er moeilijk mee te werken omdat de rotatie behoorlijk wat spierkracht kostte. De pottenbakker, die zelf ook op de grond zit, moet de schijf voortdurend een krachtige duw geven, waardoor deze door de inertie even blijft doordraaien; of hij doet een beroep op een leerling om de ronddraaiende beweging aan de gang te houden. Wanneer het wiel voldoende snel draait, zo'n 100 toeren per minuut, wordt de middelpuntvliedende kracht een belangrijk onverwacht hulpmiddel. De pottenbakker kan de klei dan omhoog brengen tussen zijn handen en deze de gewenste vorm geven: vaas, kom, kruik, enzovoort. Waarschijnlijk is de snelle pottenbakkersschijf bij toeval ontdekt door op een as een zwaar wiel te monteren, dat vanzelf blijft doordraaien als het eenmaal aan het draaien is gebracht.

Het pottenbakkersgereedschap
De Molukse pottenbakkers gebruiken nog altijd bamboe gereedschap, bijvoorbeeld om de hals te welven, een spatel met twee tanden om de decoratie te kammen, messen om de rand af te werken (afbeelding rechtsboven). Hiermee maakten de Minoïsche pottenbakkers van Knossos 3600 jaar geleden ook hun aardewerk (zie afbeelding boven).

DE MIDDELPUNTVLIEDENDE KRACHT

De proefondervindelijk ontdekte middelpuntvliedende kracht, die een object naar buiten drukt in een roterend systeem, is lange tijd een mysterie gebleven. Galileo (1564-1642) en met name Newton (1642-1727) toonden aan dat de mechanica gegrondvest is op het verband tussen kracht en versnelling; hiermee legden ze de fundamenten van de dynamica. In 1920 vindt de scheikundige en Nobelprijswinnaar Theodor Svedberg de eerste ultracentrifuges uit die met een snelheid van 1000 toeren per minuut draaiden, en daarna 1000 toeren per seconde. Tegenwoordig wordt de middelpuntvliedende kracht algemeen toegepast, bijvoorbeeld in ultracentrifuges met vrije rotor, bij het scheiden van verschillende stoffen in een vloeistof.

De schopschijf

De technische verbeteringen aan de pottenbakkersschijf werden ingegeven door één voortdurende zorg: de twee handen van de pottenbakker vrijmaken opdat hij zich geheel en al kan wijden aan de vorm van het stuk. In de middeleeuwen wordt een pottenbakkersschijf uitgevonden, bestaande uit twee schijven die verbonden zijn door staven. Door de onderste schijf met de voet te draaien wordt de bovenste meegenomen en ook de klei die bewerkt moet worden. Pas in de renaissance (15e eeuw) verschijnt de echte schopschijf, waarbij een groot vliegwiel dat met de voet wordt aangedreven, de draaischijf op gang houdt.

De met een stok aangedreven schijf

De snelle handschijven verspreidden zich over het hele Middellandse Zeegebied. De Egyptenaren gebruikten ze vanaf 2750 v.C. Vanaf 2000 v.C. werden ze ook op Kreta gebruikt en daarna in Griekenland. Het nadeel is echter dat de pottenbakker het apparaat steeds met één hand aan de praat moet houden. Het werd verbeterd met een stok: de schijf werd aangejaagd door de stok in uitsparingen aan de rand van de schijf te steken en deze daarmee aan te zwengelen. In de Romeinse tijd werd deze vorm van draaien veel toegepast; hij bleef gedurende de hele Europese middeleeuwen in gebruik.

De echte pottenbakkersschijf is de schopschijf. Doordat hij met de voet wordt aangedreven, heeft de pottenbakker zijn handen vrij. Was hij al bekend bij de Mesopotamiërs en Egyptenaren van het 4e millennium voor onze jaartelling? Op sommige schilderingen zijn pottenbakkers te zien die voor hun schijf zitten, met één voet die een stok hanteert. In werkelijkheid is dit toestel slechts een metamorfose van een schijf die met een stok wordt aangedreven die veel eerder werd uitgevonden.

Een pottenbakkersatelier in Engeland (zie boven) aan het begin van de 19e eeuw, en een Indiase pottenbakker (zie onder) die zijn kruik draait op een pottenbakkersschijf in de open lucht.

Hoe de steden zijn ontstaan

De weg van de eerste prehistorische schuilplaats naar de hergroepering van mensen binnen de muren van de stad was lang. Ze voerde langs tentenkampen en dorpen bestaande uit hutten. Laten we de weg van deze langzame maar gestage ontwikkeling weer eens teruggaan.

Uruk in Neder-Mesopotamië, waarvan de bouw in 3700 v.C. werd begonnen, vertoont alle kenmerken van een stad uit de oudheid; ze strekt zich uit binnen een vestingwal van 9,5 km waar sinds 3000 v.C. om de 9 m 900 torens zijn geplaatst. In het centrum bevindt zich het Eanna ter ere van de machtige godin Inanna en de bouwers van de stad. De tempel van de godin troont boven op de top van de *ziggurat*, een toren met een basis van 55 bij 55 m bestaande uit meerdere verdiepingen, die doet denken aan een Egyptische trappenpiramide. Een drievoudige trap voert naar de tempel.

De *ziggurat* is opgetrokken uit ongebakken stenen. De bouwers hebben wel allerlei vernuftige voorzieningen getroffen om het gebouw te beschermen tegen de tand des tijds. Tussen de baksteenlagen van de ene verdieping naar de andere werden rieten matten gelegd om verzakking van de klei tegen te gaan. Bovendien werden er goten en regenpijpen aangelegd om het hemelwater af te voeren. In andere *ziggurats* hebben de archeologen bekistingen van aardewerk aangetroffen rond ruwe ongebakken baksteen; ze vonden bovendien dwarsbalken die naar binnen toe aan elkaar gekoppeld waren om de constructie te verstevigen. Deze etagebouwtechniek werd vervolgens ook toegepast in vrijstaande woningen.

Een ziggurat op een zegel van 1000 v.C. (zie boven) en een blik op de ruïnen van Uruk, een Soemerische stad, gelegen in het huidige Irak (zie midden).

Het raadsel Jericho

Er is geen lineaire ontwikkeling aan te wijzen voor de bouwwijzen; sommige zijn ook niet eenduidig te verklaren, zoals de raadselachtige stad Jericho. We weten dat de stad in het 8e millennium voor onze jaartelling een stadswal had waarvan in het Oude Testament de afmetingen staan beschreven: 3 m dik en 4 m hoog; een toren met een doorsnee van 10 m die 4 m boven de muur uitsteekt, dus 8 m hoog. Dit is dus de muur waar Jozua, generaal van Mozes, onder trompetgeschal omheen gemarcheerd is om hem met de grond gelijk te maken. Deze voor die tijd fenomenale omwalling beschermde huizen van een veel ouder type: half hut, half huis, deels ingegraven en rond van vorm. Deze huizen behoren tot de Natufische cultuur die aan het begin van het 11e millennium voor onze jaartelling de eerste jagers-verzamelaars van Palestina sedentair zag worden. Is het mogelijk dat men 3000 jaar later een dergelijke muur bouwde om zo'n dorp te beschermen?

Macht en ongelijkheid

In Uruk zien we het organisatiemodel opkomen dat in heel de wereld van de oudheid dominant zal worden. Paleizen, tempels en de residenties van de elite worden op terrassen gebouwd en kijken uit over de lage stad, waar de gewone stervelingen wonen. Al snel zullen de verschillende handwerkers en winkeliers zich in eigen straten hergroeperen (*sûqu* is Akkadisch, een van de talen van Mesopotamië, voor soek). Zo ontstaan er binnen de stedelijke ruimte een sociale hiërarchie en een differentiatie van functies. De stad mag dan wel geboren zijn uit de egalitaire samenscholing van mensen en huizen binnen een betrekkelijk enge ruimte, ze is tegelijk ook nauw verbonden met de opkomst van politieke en religieuze bazen binnen de gemeenschap van boeren. De *ziggurat* of de Egyptische piramide staat symbool voor de concentratie van macht die de 'stedelijke revolutie' mogelijk maakt.

De gouden eeuw van de stadstaten: Mari, Ebla, Oegarit

Soms ontdekt men met één houweelslag een hele beschaving. Dat was in 1933 het geval met Mari, aan de oevers van de Eufraat in Syrië. Deze stadstaat, die begin 3e millennium voor onze jaartelling opkwam, is in de eerste helft van de 18e eeuw v.C. ten onder gegaan onder de slagen van koning Hammurabi van Babylon.
Maar wat een buitengewone schatten heeft ze nagelaten! Er had zich een rijke cultuur ontwikkeld in dezelfde tijd dat er een intense economische activiteit op gang was gekomen die gebaseerd was op de controle van mineraal- en houttransporten. De stad, die zijn weerga qua grootte niet kende, beschikte over twee kanalen: het ene voor de toevoer van water en het andere voor het handelsverkeer. Een cirkelvormige dijk beschutte haar tegen rivieroverstromingen. Het stadscentrum werd grotendeels in beslag genomen door administratieve en religieuze gebouwen. Er was een koninklijk paleis van indrukwekkende afmetingen waarin talloze standbeelden zijn teruggevonden, staande met de handen op elkaar voor de borst gevouwen en van een totaal nieuwe beeldende kwaliteit.

Ebla is in het 3e millennium voor onze jaartelling met Mari het grootste koninkrijk van

De grote steden
Reconstructie van de stadstaat Mari in het Louvre (zie boven) en een model van de grote ziggurat van Ur die eind 3e millennium voor onze jaartelling werd opgetrokken (zie onder).

Overblijfselen *Van de stad Hattousa in Turkije zijn alleen deze ruïnen over (zie boven).*

Deze moderne Egyptenaar *gebruikt nog altijd de ouderwetse* shadouf *om zijn land te bevloeien (zie onder).*

het gebied. Zijn invloedssfeer is enorm en beslaat de hele Syrische steppe. Zijn welvaart is te danken aan de export van wollen weefsels en de hout-, zilver- en koperhandel. Het koninklijk paleis, dat geleid werd door een koning met assistentie van een minister, vormde het administratieve centrum waar de oogsten, de teelt van schaapskudden en de herdistributie van goederen werden geregeld. Dit nieuwe, sterk geoptimaliseerde beheersmodel kende een grote verspreiding.

Oegarit, een grote havenstad van Kanaän, in het huidige Syrië, maakte aan het einde van het 2e millennium voor onze jaartelling een grote ontwikkeling door. De stad breidde zich behoorlijk uit en zorgde voor een omwalling met talud en een recht stratenpatroon, en natuurlijk een koninklijk paleis en tempels. De bevolking, die rijk werd van de handel met Egypte en de Middellandse Zeegebieden, hield van bronzen en zilveren voorwerpen, en gouden sieraden. De stad bloeide tot zijn vernietiging door een aardbeving in de 8e eeuw v.C.

Water in de stad

De Mesopotamische steden die aan waterlopen stonden, beschikten over water om de beroemde hangende tuinen van Babylon te bevloeien, maar ook voor het dagelijks gebruik van de inwoners, het koken van voedsel en het bad. Maar dit water moest natuurlijk wel bereikbaar gemaakt worden. In het 3e millennium voor onze jaartelling bestonden er al hijstoestellen met een contragewicht, *shadouf* genaamd. In Egypte worden ze nog altijd gebruikt. Het principe ervan is gebaseerd op de schroef van Archimedes. Op deze manier kon men kanalen, goten en bassins vol laten lopen. Deze kanalen lagen gewoon in de openlucht, maar er waren ook ondergrondse die diepe putten vulden. Paleis en huizen hadden dus water voor hun dagelijkse behoeften.

Weer andere kanalen en goten voerden het afvalwater af, wat bewijst dat de riolering hier is uitgevonden. De oudst bekende zijn die van Habouba Kabira in Syrië, die dateren van 3100 v.C. Daarna komen die van Mari, ook in Syrië, dan die van Tell Asmar in Irak. In het 3e millennium voor onze jaartelling is heel Mohenjo-Daro in het dal van de Indus voorzien van een netwerk van afvoergoten en beerputten.

Çatal Höyük en Lepenski Vir

Laten we eens teruggaan in de tijd en kijken wat er aan de grote steden voorafging. In het 7e millennium voor onze jaartelling kenden Çatal Höyük in het huidige Turkije en Lepenski Vir aan de Donau een grote bevolking binnen structuren die de grote steden aankondigen. Çatal Höyük had een duizendtal families, dus een bevolking van ongeveer vijfduizend zielen op een oppervlakte van 13 ha – cijfers die de benaming stad rechtvaardigen, ook al zijn sommige kenmerken erg archaïsch. Er was bijvoorbeeld geen omwalling, er waren weinig of geen straten en men ging de woningen binnen via het dak. De huizen waren niet groot: gemiddeld 25 m^2 voor een gezamenlijke ruimte en een schuur voor de opslag van levensmiddelen. De opgegraven heiligdommen getuigen van een cultuur in wording, maar hun bouwstijl met muren van met de hand gladgemaakte klei onderscheidt zich in niets van die van de gewone woonhuizen.

Samen bouwen

Laten we onze tijdreis voortzetten en de weg inslaan die de archeologie volgde, en wel van de eerste permanente dorpen naar de eerste kampen met de simpelste hutjes en de meest elementaire organisatievormen. Voordat er huizen waren met stevige muren, waren er hutten en tenten; voordat er dorpen waren, waren er dus kampen. En overal leerde de mens onder een dak – al was het maar een van bladeren en takken – de zin van het familieleven en de samenwerking.

De hut van de mammoetjagers in het laat-paleolithicum (35 000-10 000 v.C.) was een geweldig staaltje samenwerking, maar ook een mooi voorbeeld van aanpassing aan de omgeving. We vinden haar hoofdzakelijk in Oost-Europa waar bossen ontbraken.

In Mezhirich (Oekraïne) werden vijf hutten van eenzelfde model opgegraven: ze zijn rond, 6 m in doorsnee en hebben een geraamte van mammoettanden op een fundament van opgestapelde schedels en onderkaken. Grote beenderen dragen de huiden die het geheel bedekken; er zijn zo'n twintig mammoetskeletten nodig voor zo'n onderkomen. Dit kamp was zeker, in ieder geval semipermanent, bewoond door georganiseerde jagers.

De eeuwige behoefte aan geborgenheid

In die tijd zien we in de kampen van West-Europa eenzelfde neiging naar hergroepering. In Pincevent (Seine-et-Marne, Frankrijk) zijn twaalf hutten gevonden uit het magdalénien. Het zijn erg lichte constructies, tenten van hout en huiden, die tegemoetkomen aan de behoeften van een gemeenschap van jagers gedurende het seizoen van de rendierjacht. Maar ze hebben niettemin structuur: rond de vuurplaats nabij de ingang van de tent vinden de huiselijke bezigheden en het snijden van vuursteen plaats; achter het vuur kan men zich neerleggen. En buiten, een beetje afgezonderd, is de plek waar de dieren worden geslacht en de huiden behandeld.

De kleine kampen van de eerste tijd van het paleolithicum hebben minder structuur, maar de bouwtechniek is hetzelfde: een geraamte van takken die met stenen bevestigd zijn op de grond en elkaar aan de top kruisen, een dek van bladeren en later huiden. Ziedaar de universele prehistorische hut waarvan de eerste sporen van 1,8 miljoen jaar oud gevonden zijn in de vorm van een 5 m grote cirkel van stenen in de Olduvaikloof in Tanzania. Zo oud is de

De bouw van een hut *in onze tijd, door dorpelingen in Burkina (zie boven).*

Reconstructies *Paalwoningen van het dorp Chalain aan het Meer van Genève (zie afbeelding links) en een prehistorische hut van mammoetbotten en -huiden (zie onder).*

Een verrassend overblijfsel: de moeraswoningen van Irak

Op 12 000 km² moerasgebied ten noorden van Basra in Irak, waar Tigris en Eufraat samenstromen, zetten de Maadan een opmerkelijke eigen architectuurtraditie voort: de *raba* (huis) en de *mudhif* (gastenverblijf), allebei van riet. De Maadan zijn stammen van jagers en vissers die hier al duizenden jaren wonen.
Deze prachtige constructies, die uit het water lijken op te rijzen als overblijfselen uit de nacht der tijden, zijn het resultaat van de kennis die van generatie op generatie wordt doorgegeven. De rietstengels, die 8 m lang kunnen worden, worden eerst aangevoerd per *balam* (een vlot met een totale lengte van van zo'n 10 m). De *mudhif* heeft een tongewelf dat lijkt op de omgekeerde romp van een schip; bogen van lange rietbundels die overdwars worden geplaatst vormen het geraamte dat met matten wordt bedekt; verder zijn er vensters van opengewerkte matten. Alles, maar dan ook alles, wordt gemaakt van riet en vastgemaakt met riet. Niet één spijker, niet één touw, en géén ijzerdraad komt eraan te pas!
Binnen heerst een grote soberheid: een bed en wat kisten. Maar de gastvrijheid is nooit ver te zoeken.

behoefte om een territorium af te bakenen en de slaap te beschermen! Want zelfs al vindt de mens een natuurlijke schuilplek, grot of overhangende rots, hij is toch niet echt tevreden met de geboden bescherming; hij moet alsnog een tentje opzetten tegen de wand.

Huizen van ongebakken baksteen in de huidige stad

De stad is het kind van de landbouw

Onze reis door de tijd leert ons dat de stad ontstaan is tussen het 7e en 3e millennium voor

zachter. Daardoor ontwikkelt het plantenleven zich weer. Het water zoekt zijn weg door nieuwe uitgesleten lopen. De mens kan zich struc-

Een dorp met rietwoningen *die kenmerkend zijn voor de moerasgebieden in Irak. De inzet toont het interieur van zo'n woning.*

boeren nog geen weet hebben van de praktijk land braak te laten liggen, putten ze de grond uit en moeten ze nieuwe akkergronden vinden. Met de beheersing van de irrigatie, met name in gebieden waar rivieroverstromingen de landbouwgronden geregeld met slib verrijken, zoals de oevers van de Nijl, Tigris en Eufraat, ontstaat de noodzaak van meer permanente vestiging. De eerste stedelingen verlaten hun schuilhutten van takkenbossen en huiden, en vestigen zich voor generaties in minder broze behuizing op gunstige plaatsen.

Zo ontstaan 1500 jaar na de laatste ijstijd Çatal Höyük, Lepenski Vir en tientallen andere plaatsen die nog geen echte stad zijn, maar eerder grote dorpen. Vierduizend jaar later is daar dan Uruk, het toonbeeld van de Mesopotamische stad. De geschiedenis van de steden neemt een aanvang.

Van huiden naar klei en baksteen

In het dal van de Indus in het Nabije Oosten en in Egypte worden de eerste huizen opgetrokken in klei, want dat materiaal is het meest voorhanden aan de rivieroevers. Het is kneedbaar, maar niet zo duurzaam. De mens maakt de klei stabieler door deze te mengen met stro of asfalt. De stenen worden zelden gebakken, want daarvoor is hout nodig en dat komt weinig voor in droge streken. Dit huistype vindt zijn weg naar Europa, tegelijk met de landbouwpraktijken van het Nabije Oosten. Maar daar past het zich aan aan de lokale situatie: het terrasdak maakt plaats voor het zadeldak, dat beter bestand is tegen de overvloedige regenval.

Griekenland onderscheidt zich echter: in Seklo, een van de oudst bekende dorpen van Europa (6000 v.C.), zijn de huizen opgetrokken uit ongebakken baksteen op een fundering van steen. Later verspreidt zich een typisch mediterraan huis dat men nog aantreft in Zuid-Frankrijk en Spanje: het huis van breuksteen.

In het 5e millennium voor onze jaartelling zien we vanaf Noord-Hongarije tot in de noordelijke helft van Frankrijk de opkomst van de Donaubeschaving en zijn typische huis. Het bestaat hoofdzakelijk uit hout, dat het skelet vormt. Tussen de palen die het geraamte vormen, bevinden zich muren van rijswerk die dichtgesmeerd worden met klei. Deze vakwerkhuizen hebben een dak van riet of stro. Ter bescherming van de tere daken staan ze altijd parallel aan de heersende winden.

De oude plek van Jerf el Ahmar, *aan de midden-Eufraat in Syrië, die werd verplaatst voordat het stuwmeer van Tichrine werd gevuld.*

De houten ploeg (3000 v.C.)

Voorloper van onze ploeg

De oudste ploegen dateren van het 4e millennium voor onze jaartelling in Mesopotamië en Egypte. Ook in het oude Rome werden ze veel gebruikt. Ze waren samengesteld uit enkele geschikte stukken hout en werden getrokken door lastdieren. De houten ploeg is het eerste echte landbouwwerktuig.

Een vuurstenen hak uit Mesopotamië (6000 v.C.).

Op Mesopotamische cilinderzegels van het 4e millennium voor onze jaartelling zijn ploegende landbouwers te zien. De verschijning van dit werktuig markeert een ommekeer in de geschiedenis van de landbouw. Sinds het neolithicum wist de mens al graan te telen, maar hij gebruikte slechts een simpele stok die hij met grote krachtsinspanning hanteerde; of hij nam een houten spade die hij met de voet de grond in stak, om te spitten en geulen te graven voor het zaaien van graankorrels. Deze werktuigen, die nu nog altijd gebruikt worden op verschillende Pacifische eilanden en in donker Afrika, verschillen niet veel van de wroetstokken, de voorlopers van de houten ploeg.

Van hak naar houten ploeg

Bijna overal hebben deze moeilijk te hanteren wroetstokken bestaan naast de hak die later op het toneel verschijnt. Die uitvinding is de vrucht van aandachtige natuurbeschouwing: de vorktak, waarvan de tanden in het vuur werden gehard, heeft waarschijnlijk model gestaan voor de eerste hakken. Maar de hak blijft een lastig en vermoeiend werktuig. Het zal dus niet verbazen dat de mens zijn krachten wil sparen en het idee opvat de grond te bewerken en om te ploegen met een trekdier. De houten ploeg is dus eigenlijk een ingespannen hak. Hiermee wordt een nieuw hoofdstuk geopend van de geschiedenis van de mensheid. Met de ploeg kunnen grote stukken land bewerkt worden, het rendement van de aanplant verbeterd en de bewerkte gronden uitgebreid worden. Deze technische revolutie staat aan de wieg van nieuwe vorderingen op landbouwgebied, maar ook van grote veranderingen in de leefwijze van de mensen, zoals sedentarisatie en de opkomst van de dorpsgemeenschappen.

***Een tuinbouwer van de Trobriand-eilanden** in Melanesië wiedt een veldje yamwortels.*

Zaaien en ploegen

De houten ploeg is ongeveer tegelijkertijd in Mesopotamië en Egypte verschenen, en wel aan het begin van de bronstijd. Pas veel later duikt hij op in Europa, China en het Verre Oosten, al sluiten de archeologen een gelijktijdige opkomst op meerdere plekken niet uit. Hij is van hout, maar de vorm verschilt naar beschaving en tijdperk. Het werkingsprincipe is echter overal hetzelfde: het werktuig lijkt grofweg op een V, waarvan de ene tak de ploegstaart vormt waarmee de mens de ploeg geleidt, en de andere de ploegboom, een meer of minder krom stuk waarmee de ploeg vastzit aan het lamoen of het juk waarin de trekdieren worden gespannen. En aan het ondereinde van de ploegstaart zit de ploegschaar van vuursteen of ijzer die in de grond dringt. Ploegen gebeurt meestal in drie stappen: een eerste ploeggang om de grond te openen en wortels in te werken; een tweede om de grond om te werken en de kluiten klein te maken; en ten slotte een derde om voren te maken voor het zaaigoed of deze na het zaaien weer toe te dekken. Deze laatste voor is niet zo diep; de schaar schuift de verkruimelde aarde naar beide kanten van de voor. Door meer op de ploegstaart te leunen kan de ploeger de schaar dieper in de grond werken.

De Mesopotamische ploeg waarvan het model over het hele Middellandse Zeegebied is verspreid, wordt via een juk dat aan de disselboom is vastgemaakt, door runderen getrokken. De ploeg zelf bestaat uit een ploegboom met daaraan een dwarsbalk met centraal daaronder de in het vuur geharde ploegschaar en aan de zijkanten twee ploegstaarten die door de ploeger worden vastgehouden. Op een cilinderzegel van 1500 v.C. is te zien hoe de boeren tijdens het ploegen meteen graankorrels zaaien door ze in een trechter te storten die uitkomt in een buis bij de ploegschaar.

Hij ploegt, zij zaait *Op dit geschilderde tafereel in de graftombe van Sennedjem (1885 v.C.) is de overledene te zien, die samen met zijn vrouw op de velden aan het werk is. Het geeft een precieze voorstelling van de Egyptische ploeg.*

Een hak *van hout en touw, die veel lijkt op die de Egyptische boeren gebruikten in 3000 v.C.*

De goede korrel

De volken van Mesopotamië dorsten hun graan met een werktuig dat de Romeinen *tribulum* noemden. Het is een plank met stukken vuursteen aan één kant die men over de aren trok om de graankorrels eruit los te wrijven. Boven op zo'n plank kon een karretje gemonteerd zijn waarop de menner van de trekossen of -ezels zat. In Egypte werd er gedorst met behulp van dieren; de boeren verspreidden het koren op een overdekte plaats en lieten hun ossen of ezels er gewoon overheen lopen om de korrels uit de aren te halen.

Een Egyptische eigenaardigheid

Op talloze hiëroglyfen en op de wanden van de mastaba's is de Egyptische ploeg te zien. Daaruit blijkt dat de verschillende onderdelen daarvan niet op elkaar werden gemonteerd, maar gewoon samengebonden. Bovendien werd de ploeg niet op de geijkte manier gebruikt: in de meeste gevallen werd er eerst gezaaid en daarna geploegd! Dit was iets waar veel Griekse reizigers in die tijd versteld van stonden, maar het is te verklaren uit de hoge waterstanden van de Nijl, waardoor een vruchtbaar slib wordt afgezet op de akkergronden. Men hoefde alleen maar te zaaien in deze losse grond die van tevoren niet geploegd hoefde te worden. De boeren bewerkten de grond hoogstens alleen oppervlakkig met een eenvoudige hak, en soms namen ze zelfs hun toevlucht tot een kudde schapen die ze over het ingezaaide land lieten lopen. De ploeg, die getrokken werd door koeien of ossen, diende er alleen voor om de aarde te keren over het zaaigoed.

Drie modellen, twee methoden

In Europa heeft de houten ploeg tot in Scandinavië slechts één ploegstaart. In het gebied tussen West-Europa en India zien we geleidelijk drie typen houten ploegen verschijnen: de meest primitieve ploeg met staart en schaar uit één stuk; de houten ploeg met de 'tand' van de Grieken en Romeinen die te herkennen is aan een lange schaar waarop aan het uiteinde de staart wordt vastgemaakt en die geschikt is voor losse zandgronden; en de ploeg waarvan de staart vastzit in een boom die zich sterk kromt tot een diepe schaar. In het niet-mediterrane Europa zien we pas later de ploeg met het ploegijzer verschijnen; deze wordt gebruikt voor de eerste ploeggang om de vaste grond open te breken. Er wordt op twee manieren geploegd: de symmetrische platte ploeggang die met name geschikt is voor de mediterrane gronden, waarbij de grond altijd omgeworpen wordt naar één kant van het veld. En de asymmetrische ploeggang, die vooral wordt toegepast bij het scheuren van vochtige gronden, waarbij de

De ploeg uit de oudheid, zoals te zien in deze illustratie (zie rechts), wordt nog altijd in veel streken gebruikt, zoals hier op Bali (zie onder).

Een uitvinding die niet overal ingang vond

De houten ploeg is onbekend in precolumbiaans Amerika. Toch is bewezen dat daar maïs verbouwd werd vanaf 2500 v.C. In de 16e eeuw, tijdens de veroveringstochten van de Spanjaarden, werd er nog altijd geploegd met hakken van vuursteen. Bij het inzaaien gebruikten de Inca's een soort wroetstok of *taccla* die voorzien was van een koperen punt; deze leek erg veel op een spade, want er was onderaan een dwarshout gemonteerd voor de voet.

De Griekse houten ***ploeg,*** *zoals te zien op deze vaas uit de 8e eeuw v.C., bezat een lange schaar waarop de ploeger zijn gewicht steunde, en een hoge staart (zie boven). Tafereel met een moderne ongemotoriseerde ploeg (zie onder).*

aarde bij elke gang rechts en links door de ploeg in hoopjes wordt omgegooid.

Van houten naar ijzeren ploeg

De houten en ijzeren ploeg hebben in de loop der eeuwen lang naast elkaar bestaan. De eerste onderscheidt zich vooral door toepassing bij oppervlakkig en symmetrisch ploegen, want het ploegresultaat is hetzelfde aan beide kanten van de schaar. Met de tweede ploeg kan de grond veel dieper worden omgewerkt; met deze mogelijkheid staan we aan de vooravond van de moderne landbouwmethoden met verregaande rendementverhogingen.

De houten ploeg met de 'tand', die weinig stabiel is, is nauwelijks geschikt voor de asymmetrische ploeggang, waarbij het werktuig steeds schuin moet worden gehouden. Het verbaast dus niet dat de overgang van de houten naar de ijzeren ploeg met name plaatsvond in noordelijk Europa met zijn zware natte gronden, en met name bij de Kelten. De ijzeren ploeg neemt staart, boom en schaar over van de houten ploeg. Hij beschikt verder over een voorstel met wielen die voor stabiliteit zorgen, en een stuurijzer om preciezer met het geheel te kunnen manoeuvreren. Bij diepploegen zijn een paar werktuigen in het spel: de voorschaar die de grond voorbewerkt; de kouter die de kluiten aarde doorsnijdt; de schaar die de voor maakt en optilt; en het rister dat de grond omgooit. Schaar en rister vormen één geheel dat naast de boom is gemonteerd, want er wordt asymmetrisch geploegd. De ijzeren ploeg kende een aantal verbeteringen: het verstelbare rister vergemakkelijkt de taak van de ploeger, aangezien deze zowel aan de ene als aan de andere kant van de boom gemonteerd kan worden.

De verandering van de middeleeuwen

In de middeleeuwen kende de landbouw een voortdurende expansie. De zware ijzeren ploeg met rister, die in de 11e eeuw het levenslicht zag, speelt een belangrijke rol in deze grote Europese omwenteling. Bossen moesten het veld ruimen voor akkers, en braakliggende gronden werden omgeploegd. Het landschap ondergaat een ingrijpende verandering: brede akkers moeten plaatsmaken voor lange akkers. De dubbele Brabantploeg met twee boven elkaar liggende scharen en de Canadese ploeg met meerdere scharen zijn toonbeelden van toenemende efficiëntie op ploeggebied, zeker als in de 20e eeuw de tractor verschijnt. Maar de houten ploeg, het landbouwwerktuig van de arme, kiezelrijke gronden, blijft in sommige Europese gebieden nog tot de jaren vijftig van de vorige eeuw in gebruik.

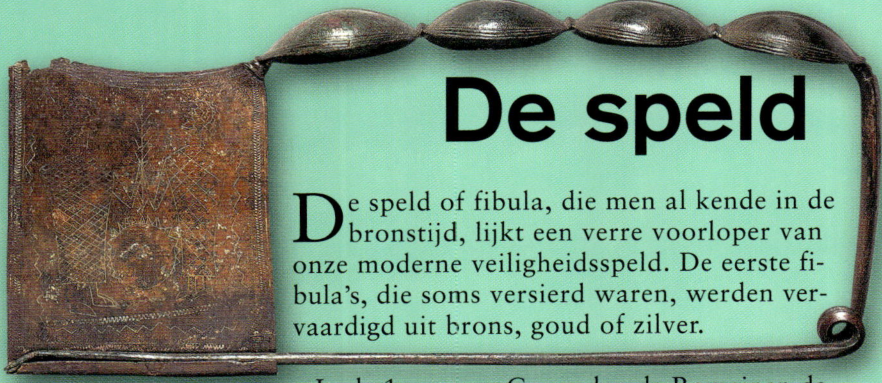

Veiligheidsspeld, gemaakt in Beotië (700 v.C.).

De speld (3000 v.C.)

De speld of fibula, die men al kende in de bronstijd, lijkt een verre voorloper van onze moderne veiligheidsspeld. De eerste fibula's, die soms versierd waren, werden vervaardigd uit brons, goud of zilver.

In de 1e eeuw v.C. vonden de Romeinen de scharnierfibula uit. Het lichaam is van brons, maar omwille van de stevigheid zijn de speld en tong van ijzer. De fibula diende ervoor om de mantel op de schouder vast te spelden of om de slippen van een gewaad op te spelden, maar bovenal was ze opschik, en werd ze soms gezien als een sieraad. Er zijn verschillende vormen van, vaak ingelegd met email, edelsteen of koraal. De Keltische spelden met ingelegd email of gekleurd glas zijn kostbare voorwerpen; vaak hebben ze fijn uitgesneden diertaferelen of geometrische patronen op een drager in de vorm van een kruis.

Zeep (3000 v.C.)

Een Soemerisch kleitablet van begin 3e millennium voor onze jaartelling geeft het recept van een stof op basis van vet en alkali die gebruikt werd als geneesmiddel tegen huidziekten en als reinigingsmiddel. De Mesopotamiërs zijn niet de enigen die weet hebben van de reinigende eigenschappen van olie of vet met plantaardige as. In Egypte, waar men het hoogste belang hecht aan hygiëne, bedient men zich bij het wassen van kleren van soda, dat van nature voorkomt in sommige meren, met een pasta van as en kalirijke klei. Vreemd genoeg kenden noch de Grieken, die de schuimende eigenschappen van het sap van zeepkruid hoog aansloegen, noch de Romeinen, die toch grote badliefhebbers waren, het gebruik van zeep. De formule werd 'herontdekt' door de Galliërs, die experimenteren met een mengsel van geitenvet, beukenas en aromatische planten. Het resultaat is een zachte zeep die, als we de Romeinse geschiedkundige Plinius de Oudere mogen geloven, algauw gretig aftrek vindt in heel het Romeinse rijk. Zeep blijft lang in gebruik als geneesmiddel; pas in de 2e eeuw komt ook de gewone lichaamsverzorging in beeld. We moeten wachten op de Arabieren die in de 7e eeuw een harde zeep ontwikkelen op basis van een mengsel van assen van zeeplanten die soda (*al-qali* genoemd) en vetzuren bevatten. Deze is vaak verrijkt met plantaardige olie, zoals de beroemde zeep van Aleppo, die geparfumeerd was met laurierolie en vanaf de 12e eeuw in de handel kwam.

***Zeep uit Marseille** deed het goed vanaf de 13e eeuw, ondanks de concurrentie van die uit Venetië en Genua.*

De spiegel
(3000 v.C.)

Volgens de Griekse sage werd Narcissus verliefd op zijn eigen spiegelbeeld in het water. Bekeken de eerste mensen zich ook in het water? Of in het gladde oppervlak van een glimmende steen?

De Egyptenaren gebruikten 3000 jaar v.C. zorgvuldig gepolijste gouden, zilveren of bronzen platen. Deze spiegels zijn vaak ingelegd en hebben handgrepen, zoals die van Medinet el-Goureb die in het Louvre wordt bewaard.

De volken van het Midden-Oosten en de Etrusken gebruikten heel dunne plakken obsidiaan, een hard vulkanisch gesteente. De Romeinen behielden de Etruskische traditie van ronde metalen spiegels met rijk gegraveerde en vergulde achterkant; het werden echte luxeartikelen met handgrepen van ivoor of fijne houtsoorten. In de 1e eeuw kwamen er grote draaispiegels met een voet (psychés).

*De schijf van deze 3500 jaar oude **bronzen Egyptische spiegel** is fijn genoeg gepolijst om te zien of je pruik goed zit en je make-up niet is doorgelopen.*

Wanneer het glas weerspiegelt

De Romeinen hebben de weerspiegeling van metalen spiegels sterk verbeterd door ze met glas te bedekken, maar we moeten wachten tot de 15e eeuw als glazenmakers uit Neurenberg het procedé van het vertinnen ontdekken. Hierbij wordt een dun laagje tinamalgaam op het glas aangebracht door het in een kwikbad met een onderlaag van tin te dompelen. De Venetianen bemachtigen dit procedé. Uiteindelijk zal de scheikundige Liebig in 1835 het proces van verzilvering uitvinden, waarbij op chemische wijze een uiterst dun laagje zilver op het glas wordt afgezet.

De pruik (3000 v.C.)

De eerste pruiken werden in het 4e millennium voor onze jaartelling in Egypte gemaakt. De Egyptenaren waren sterk gehecht aan hygiëne. Parasieten als luizen zijn niet geïnteresseerd in pruiken, want ze leven alleen op huid en pels. De pruik is een haartooi voor mannen en vrouwen die meer of minder geraffineerd is naargelang ze gedragen wordt voor dagelijks of ritueel gebruik. Ze wordt gemaakt van echt mensenhaar, paardenhaar of gekleurde plantenvezels die geplakt worden op een katoenen petje. Vóór het slapengaan wordt ze op een steun of kleedpop gezet, en soms glanzend gemaakt met geparfumeerde olie.

Het accessoire vervult een sociale functie, omdat daarmee een correcte verschijning in het openbaar wordt gegarandeerd. Natuurlijk is het daarom aan de mode onderhevig. In de 18e dynastie werd daarom dan ook de korte, zogenoemde Nubische pruik (of zoals we tegenwoordig zeggen, het pagekopje) plotseling vervangen door de lange gefriseerde pruik. De mode van de pruik bleef de hele oudheid door bestaan. Assyriërs, Feniciërs, Grieken en zelfs Romeinen nemen haar over, voordat die eeuwenlang in onbruik zal raken.

***Pruik** die in de mode **was** tijdens de 18e dynastie van Egypte (14e eeuw voor onze jaartelling).*

Het brons (3000 v.C.)

De steentijd is verleden tijd

Brons, een legering van koper en tin, is in 3000 v.C. bijna zeker door toeval in het Nabije Oosten ontdekt. De beheersing van het brons, en daarmee de vervaardiging van nieuwe wapens en werktuigen, is een grote stap voorwaarts in de ontwikkeling van de techniek en de opbloei van de handel. Het geeft een nieuwe impuls aan de geschiedenis van de beschavingen.

De beheersing van het brons *komt al duidelijk naar voren in deze teugelgeleider (zie linksboven) en dit beeldje van een draagster van offergaven (zie rechts).*

Zo'n 12 000 jaar geleden loopt een groepje mensen langzaam langs de oever van de Eufraat. Ze zijn omringd door een weelderige vegetatie. Een van de jagers-verzamelaars heeft zich juist gebukt. Hij raapt een groene steen op die in het rivierwater lag. Uit nieuwsgierigheid schraapt hij erover met zijn vuurstenen mes. De steen krijgt een mooie roodachtige glans. Enthousiast laat hij zijn vondst aan het groepje zien. Zijn reisgenoten geloven hun ogen niet. Ook zij gaan nu de bedding van de rivier afzoeken en ontdekken dat de zanderige bodem bezaaid is met deze vreemde stenen! 's Avonds in het kamp maken ze de

Deze runderkop uit de Soemerische tijd *is een versieringselement van een meubel of een harp.*

DE MIJNEN

Koper staat aan de oorsprong van de eerste werkelijk belangrijke mijnindustrie in de wereld. De oudste kopermijnen bevinden zich in Ain Bouna (Bulgarije) en Rudna Glava (Servië). Ze dateren uit het 5e millennium voor onze jaartelling. Met de bronstijd en de explosieve vraag naar koper komt het delven van kopererts pas echt op gang in heel Europa. Want gewoon 'opgeraapt' zuiver koper dekt de vraag allang niet meer. Er moeten schachten gegraven worden van soms wel 100 m diep; dus moeten er ook voorzorgsmaatregelen getroffen worden. De mijnwerkers plaatsen houten stutten in de gangen om instorten tegen te gaan. Om het erts uit de mijnwand te krijgen wordt deze verhit en vervolgens met koud water besproeid. Het erts krijgt dan barsten, waardoor de mijnwerker het met hamer en houweel uit de wand kan slaan.

hele stam deelgenoot van hun vondst. De mensheid maakt een reuzensprong voorwaarts.

Een kopertijd?

De gevonden stenen zijn van zuiver koper, een metaal met een grote toekomst. Een van zijn belangrijkste eigenschappen is zijn smeedbaarheid. Door erop te hameren met een steen kunnen kleine voorwerpen, spijkers, spelden en sieraden gemaakt worden. En hoe meer men erop slaat, hoe harder het wordt. De mensen leren dit makkelijk smeedbare metaal te bewerken. De metallurgie komt tot leven.

Koper komt niet alleen in zuivere vorm in de natuur voor. Het zit vaak in de grond in een mineraal ganggesteente. Rond 4000 v.C. verkregen de mensen van deze regio in het Nabije Oosten koper uit de verhitting van malachiet. Er zijn in de jaren zestig van de vorige eeuw in Tal-el-Iblis (Iran) overblijfselen van behoorlijk uitgewerkte ovens gevonden waar malachiet gestookt werd. De ontdekking van malachiet als koperhoudend mineraal is op zich al een wonder. Want bij kopererts wijst niets erop dat ze koper bevatten. Hoe is men toen op het idee gekomen ze te gebruiken voor de extractie van koper? Dat is nog altijd een mysterie. Hoe dan ook, met het smelten van koper kan het metaal pas op grote schaal geëxploiteerd worden. Het wordt niet meer alleen gebruikt voor de productie van kleine snuisterijen. In heel het Midden-Oosten worden met behulp van mallen van klei of steen nieuwe werktuigen en wapens vervaardigd: dolken, speerpunten, pijlschachten, bijlen, messen, beitels. Er komt een echte koperindustrie op gang. Maar het is nog geen goede vervanging voor de gepolijste vuursteen. Want het is niet zo sterk en moeilijk te vinden. De voorwerpen verbuigen makkelijk. Eerst wordt het alleen gebruikt ter versiering. Maar het roodachtige metaal wacht zijn tijd rustig af.

De opkomst van het brons

Tegen 3000 v.C. staat er, alweer in het Nabije Oosten bij de Soemeriërs, iets revolutionairs te gebeuren: de ontdekking van het brons, een koperlegering. Hoe werd het gemaakt? We weten het niet. We zijn in de stad Ur, aan de oever van de Eufraat. Er is daar koper in overvloed. Een smid staat te smeden in zijn werkplaats, zijn gezicht zwart van de rook. Het hellevuur gromt in de oven. Maar vandaag wordt hij beloond voor zijn inspanningen. Hij bekijkt de punt van een mes dat hij zojuist uit de mal van klei heeft bevrijd en merkt dat het veel harder is dan gebruikelijk. Zou dat soms komen doordat hij koper heeft gebruikt van een andere groeve? Dat is wel zeker, want zelf heeft hij niets anders gedaan dan wat hij normaal doet. Er verschijnt een glimlach op zijn gezicht om deze meevaller. Voortaan zal hij alleen erts uit die speciale groeve gebruiken. De door hem gemaakte werktuigen zullen de sterkste zijn van heel het dorp. Weldra zal men van verre naar zijn smidse komen om spullen te bestellen.

Wapencollectie
Dolken en zwaarden uit Lorestan (huidig Iran), 2e millennium voor onze jaartelling.

De uitrusting van een krijger
Een bronzen schild, gevonden in Oxfordshire (1200 v.C.), een bronzen helm, gevonden in de Saône (1000 v.C), en een 3000 jaar oude bijl, gevonden in de Balkan bij Vucedol.

Sterk, maar dodelijk

De smid weet niet dat het koper niet zuiver is, maar dat er arseen doorheen zit. De ertsen uit die omgeving bevatten dat namelijk. Dit mengsel is de eerste vorm van brons die we kennen. Zijn goede kanten springen meteen in het oog. Het is makkelijker te gieten dan koper, want het vormt geen blaasjes die het resultaat bederven en het voorwerp bros maken. Het is sterker; er kunnen nu bijna slijtvaste werktuigen gemaakt worden. Het kan opnieuw bewerkt worden als het verbogen is of bot is geworden. Brons bezit al met al een groot aantal kwaliteiten. Helaas zal de smid uit Ur duur betalen voor de vondst waarmee hij naam maakt. Want bij het smelten van het erts komen giftige arseendampen vrij die hem zijn leven zullen kosten. Er zijn waarschijnlijk een heleboel smeden omgekomen door vergiftiging voordat men doorhad wat de oorzaak was. De les werd duur betaald, maar men heeft er wel van geleerd: de tekortkomingen van zuiver koper kunnen misschien verholpen worden door er andere stoffen aan toe te voegen.

Tin komt als geroepen

Hoe ontdekten de mensen dat tin in legering met koper betere eigenschappen had dan arseen en bovendien geen dodelijk giftige dampen verspreidde? Een mysterie... Tin komt niet veel voor in Europa en het Nabije Oosten. Toch bevatten de koninklijke graftomben van Ur, die dateren van 2800 v.C., veel bijna perfect bronzen voor-

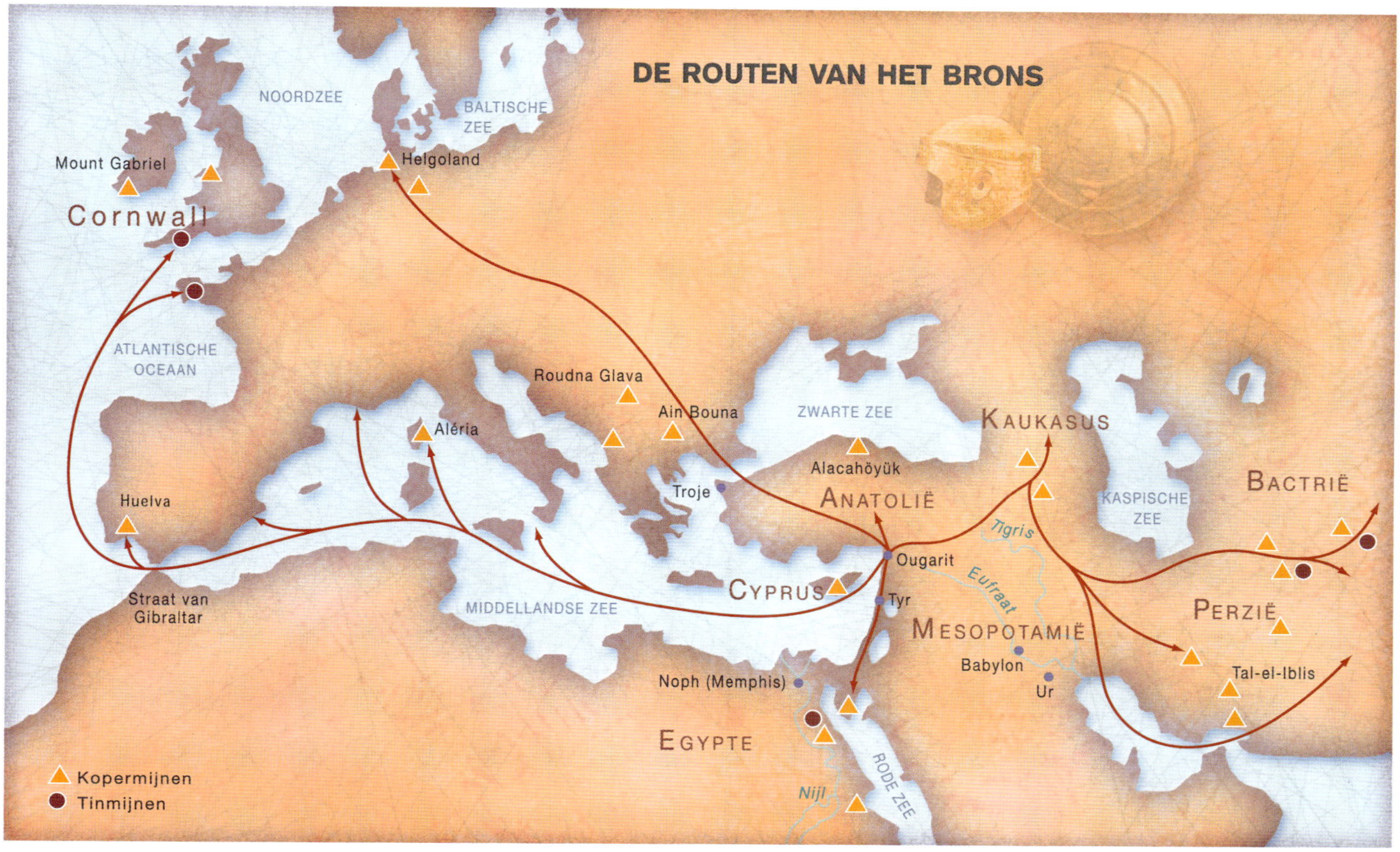

De grote routen *waarover tin en koper vervoerd worden, vallen samen met de handelswegen en die van de technologische vooruitgang.*

werpen (met 10 procent tin). Waar haalden de Soemeriërs hun tin vandaan? Bijna zeker van de Kaukasische hoogvlakten, die zowel rijk zijn in koper als in tin. Het volk van de Kaukasus, dat mijnwerkers en getalenteerde smelters kende, zal begin 3e millennium voor onze jaartelling natuurlijk als eerste brons uit koper en tin ontdekken, want het zit erbovenop. Misschien heeft een smid de meest voorkomende koper- en tinertsen (malachiet en cassiteriet komen in de Kaukasus vaak in dezelfde lagen voor) bij vergissing door elkaar gebruikt en samen in de smeltoven gedaan. Op de weg die naar brons leidde, lieten natuur en toeval de hand van de mens niet los.

Snelle expansie

Eind 3e millennium voor onze jaartelling is de reputatie van brons bekend in heel de dan bekende wereld. Ur was een van de eerste stadstaten die tinbrons in grote hoeveelheden bezat, maar algauw volgden andere steden. Er zijn ook fijnzinnig geciseleerde bronzen voorwerpen gevonden in de koninklijke graftomben van de pre-Hittietische aanvoerders van Alacahöyük in centraal Anatolië. Op de plek van het oude Troje (2400 v.C.) zijn talrijke met lapis lazuli ingelegde bronzen kommen en wapens gevonden tijdens opgravingen in de 19e eeuw. Het Nabije Oosten en later Europa, die beide arm zijn aan tin, barsten van het brons! De handelsbetrekkingen nemen toe. Rond 2000 v.C. strekt zich een waar handelsnetwerk uit van Afghanistan in het oosten tot aan Spanje, Sicilië en Sardinië in het westen. Naar het noorden toe reikt het zelfs tot de Baltische Zee en Cornwall in Engeland. De volkeren beïnvloeden elkaar, delen hun kennis. Brons wordt uiteindelijk hét metaal in heel Europa. De eerste Europese metallurgen zijn de volken van de Klokbekercultuur, zo genoemd naar de vorm van de aardewerken bekers die ze hun doden meegaven in het graf. Ze komen uit Spanje en zijn uitstekende pottenbakkers en smeden. Maar het zijn ook handelslui die heel Europa afreizen met hun koopwaar en zo het gebruik van brons verspreiden.

Naar een nieuwe tijd

Dankzij de handelsbetrekkingen stijgt het levenspeil van de mensen. Deze omwenteling is zo

Begrafenisbeeld *Dit hoofd en deze handen van brons, symbolische voorstelling van een dode, komen uit Etrurië (7e eeuw v.C.).*

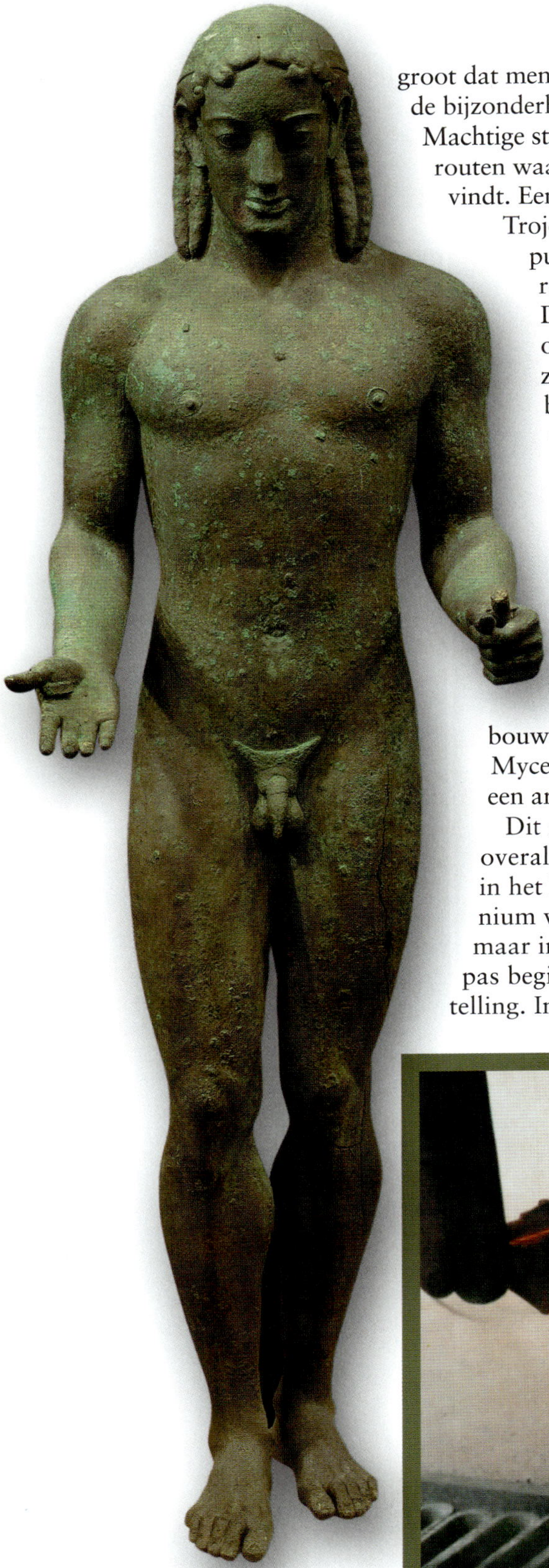

groot dat men zelfs spreekt van de bronstijd, om de bijzonderheid van die tijd aan te geven. Machtige steden verrijzen langs de handelsrouten waarover het metaaltransport plaatsvindt. Een van de machtigste steden is Troje, in Klein-Azië, dat op het kruispunt ligt van de grote wegen die Europa en Azië met elkaar verbinden. De structuur van de steden, maar ook van de maatschappij waarvan ze de afspiegeling zijn, wordt mede bepaald door de kostbare metalen. Goud en zilver worden bewaard in de tempels. Koper wordt bewaard in baren voordat het door de handwerkers van de koning wordt omgetoverd tot bronzen wapens. Vaak staat een hele stadswijk in het teken van deze bezigheid. Maar behalve steden worden ook hele rijken op een sokkel van brons gebouwd: Soemerië, Egypte, Minoïsch en Myceens Kreta. Hun macht berust op een arsenaal van brons.

Dit metaal verschijnt echter niet overal op hetzelfde moment. Het wordt in het Nabije Oosten al eind 3e millennium voor onze jaartelling genoemd, maar in Midden-Europa vinden we het pas begin 2e millennium voor onze jaartelling. In India was het er al aan het eind van het 3e millennium voor onze jaartelling. Koper wordt in dezelfde tijd al gewonnen uit mijnen in Maleisië. In China valt de aanwezigheid van tinbrons samen met de opkomst van de Shangdynastie rond het midden van het 2e millennium voor onze jaartelling. In Zuid-Amerika wordt bij het Titicacameer in Bolivia tin gevonden en zien we de overgang van koper naar brons rond het begin van het eerste millennium voor onze jaartelling, waarna het zich verspreidt over de Andes en de Pacifische kuststreken.

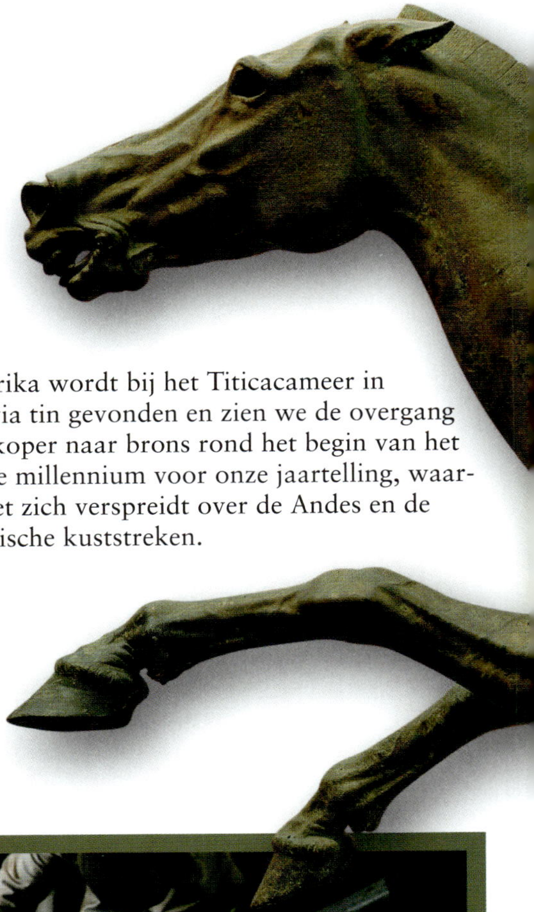

De techniek van de cire perdue

Uit een gesmolten metaal dat in een mal van steen of klei gegoten wordt, kunnen nuttige voorwerpen verkregen worden, mits we ze aan de buitenkant enigszins bijwerken. Maar als we meteen fijn uitgewerkte details willen krijgen, moeten we gebruikmaken van de cire perduemethode. Deze is als volgt. Er wordt een model in was gemaakt. Deze wordt in een bak gezet die geheel met gips wordt gevuld. Men laat het gips hard worden. Vervolgens wordt het geheel in de oven gezet, zodat de was smelt en uit de gipsmal vloeit; er blijft dus een holle afdruk van het model in het gips achter. Daarna wordt brons gegoten in de mal. Dit neemt de vorm aan van het model. Ten slotte wordt de mal stukgeslagen om het bronzen beeld te bevrijden. Als laatste wordt het brons afgebaard en gepolijst.

Deze Apollo van de Peloponnesos (6e eeuw v.C.) is gegoten volgens de cire perduemethode die hiernaast beschreven staat.

Keizer Tiberius wijst aluminium af

Een Romeins ambachtsman biedt keizer Tiberius een kelk aan van een onbekend materiaal, waarschijnlijk aluminium. Als bewijs van zijn bijzondere eigenschappen gooit hij de kelk op de grond, waardoor deze een deuk krijgt. Maar hij herstelt haar ter plekke met een hamertje. Tiberius, eerst stomverbaasd, laat de handwerker onthoofden en zijn werkplaats verwoesten. Hij vreest namelijk dat zijn fortuin in goud en zilver als sneeuw voor de zon zal wegsmelten. We moeten dus 18 eeuwen wachten totdat het geheim van het aluminium eindelijk teruggevonden wordt.

Pot van het Shangtijdperk
Een van de eerste domeinen waar keramiek vervangen wordt door brons, is de keuken, zoals blijkt uit deze Chinese kookpot (14e eeuw v.C.).

De kunst van het brons

Omdat het een 'edelmetaal' is, worden kunstenaars geïnspireerd door brons. Wanneer het wordt gepolijst, krijgt het een goudachtige glans. Zo'n 3000 jaar v.C. hamerden Soemerische ambachtslui al schalen, kelken en vazen uit brons, maar dankzij de cire perduetechniek werden in dezelfde tijd in Mesopotamië kleine voorwerpen van een grote fijnzinnigheid gemaakt. In het 1e millennium voor onze jaartelling bereikten de Grieken en Romeinen de hoogste toppen in de kunst van het brons. In Olympia, Sparta en Korinthe zijn gestileerde beelden van dieren gevonden uit de 8e eeuw v.C. En wanneer kunstenaars de menselijke figuur in hun beelden weergeven, worden het godenbeelden.

De Romeinen maakten bijna alles van brons: wapens, borstbeelden, standbeelden, enzovoort. In de middeleeuwen zien we de opkomst van belangrijke centra van bronsfabricage, met name in Dinant in het dal van de Maas. In de renaissance triomfeert het brons. Van de oudste Soemerische smeden tot de hedendaagse kunstenaars: brons is nooit weggeweest. Vanwege de nieuwe technieken die uit het werken met brons zijn ontsproten, staat het ook aan de wieg van innovatief siersmeedwerk van goud- en zilverkunstenaars.

Hellenistisch beeld
Met brons nam de beeldhouwkunst een hoge vlucht. Een van de hoogstandjes is dit springende paard met zijn kleine ruiter (2e eeuw v.C.), dat in aardewerk heel moeilijk uitvoerbaar zou zijn geweest.

Zo oud als de geschiedenis...

Oorlog is een gewapende strijd tussen twee elkaar vijandig gezinde sociale groepen. Niemand kent de oorsprong, maar men neemt aan dat er vaker oorlog gevoerd werd toen de mens in het 9e millennium voor onze jaartelling sedentair werd, de eerste dorpen bouwde en deze moest verdedigen.

Bij talloze opgravingen van versterkte dorpen uit het neolithicum zijn wapens van steen en bewerkte vuursteen uit de grond gehaald, die toen gebruikt werden voor de jacht en de oorlog. Tegelijk daarmee is ook andere informatie naar boven gekomen: de aanwezigheid van menselijke resten tussen het voedsel dat gevonden werd in de verkoolde resten van versterkte dorpen in de Languedoc wijst op het bestaan van ritueel kannibalisme. Sommige graven schijnen licht op de aanwezigheid van een maatschappelijk stelsel waarin krijgers een aparte klasse vormden die, zoals later in India en Sparta, een hogere plaats innam in de sociale hiërarchie.

Uitrusting en bewapening

Waarschijnlijk was de eenwording van Egypte in 3200 v.C. zonder militair optreden niet tot stand gekomen. In dezelfde tijd was Mesopotamië intern verdeeld in een dertigtal stadstaten die allemaal uit waren op de alleenheerschappij, wat tot voortdurende onderlinge conflicten leidde. De Standaard van Ur van 2600 v.C., in het British Museum, is een van de eerste beeldverhalen van de oorlog: op een van de panelen zijn door ezels getrokken, zware vierwielige strijdwagens afgebeeld met de aanvoerders, en daarachter de soldaten met leren en metalen helmen en grote schilden. De Stèle van de Gieren (2450 v.C.), die in het Louvre bewaard wordt, toont een bewapening van lansen, bijlen, kromzwaarden en strijdhamers. Grafobjecten uit de tombe van Meir (Egyptisch Middenrijk, 2000 v.C.) tonen een lijninfanterie met schilden en korte lansen met koperen punt, en een lichte infanterie van boogschutters met pijlpunten van steen en bot.

Krijgskunst

De infanterie wordt ingezet voor man-tegenmangevechten, terwijl de niet erg wendbare strijdwagen met koetsier en de bewapende

Oorlog als beroep

Huurlegers zijn net zo oud als de oorlog zelf: we vinden ze in het Oosten en in China. In het Egypte van het Oude Rijk en het Middenrijk maakten de farao's gebruik van Lybische en Nubische boogschutters en Hittietische ruiters. Griekenland maakt weinig gebruik van huurlingen, maar het leger van het Romeinse Rijk is een ware lappendeken van 'barbaarse' volkeren, waarvan de Germanen misschien wel het beruchtst waren vanwege hun enorme vechtlust.

Belegeringsmachines

Om versterkte steden te kunnen veroveren, moesten nieuwe technieken worden gebruikt: ladders en werpankers om op hoge muren te kunnen komen, ondermijningstechnieken onder aan vestingmuren. Met megalithische bouwwerken zoals in Mycene en Peru is dit gevaar natuurlijk te keren. De aanval met een met ijzer of brons versterkte stormram op de stadspoort wil ook wel werken. Tegen de 4e eeuw v.C. vinden de Grieken machines uit om enorme pijlen of 100 kilo zware kogels mee te lanceren. Later kwamen daar ballista's en katapulten voor in de plaats, die nog grotere afstanden konden overbruggen.

soldaat van een afstand aan de strijd meedoen met werpspeer en composietboog Deze laatste kan veel meer kracht ontwikkelen dan een gewone jachtboog.

In een andere tijd en op een andere plaats onderging de krijgskunst een grote verandering door de introductie van paarden en lichte wagens. Het paard, dat bijzonder geschikt was voor de veroveringsoorlogen van de Centraal-Aziatische nomadenvolken, vroeg om een nieuwe tactiek waarbij snelheid en kracht telden. De Hyksos uit Mesopotamië, goede ruiters, veroverden zo in 1630 v.C. heel Egypte en hielden het twee eeuwen bezet. De voornaamste stadstaten gingen gebruikmaken van lichte strijdwagens met boogschutters. In samenlevingen met een sterk gecentraliseerde hiërarchie, zoals de Hittieten, werd de strijdwagen een geducht wapen, het voorrecht van een aristocratische krijgerskaste. In 1285 v.C. stonden de legers van Egypte onder aanvoering van farao Ramses II en van de Hittieten van koning Muttawali tijdens de Slag bij Kadesh tegenover elkaar; de Hittieten konden toen zo'n 3500 lichte strijdwagens opstellen.

Ontwikkelingen en veranderingen

Vanaf het begin van dat tijdperk waren de meeste volken wel thuis in het krijgsambacht en de vervaardiging van schilden, kurassen, helmen en makkelijk hanteerbare zwaarden. De militaire macht hing daarna niet meer zozeer af van de hoeveelheid en aard van de wapens, maar van het feit of iemand gebruik wilde maken van de troepenmacht. De technologische oorlogsvoering, in de moderne zin van het woord, ziet in het China van de vijf laatste eeuwen v.C. het levenslicht. In de 4e eeuw v.C. werden de eerste bommen en granaten met gifgas (lak, arsenicum en loodoxiden) gebruikt.

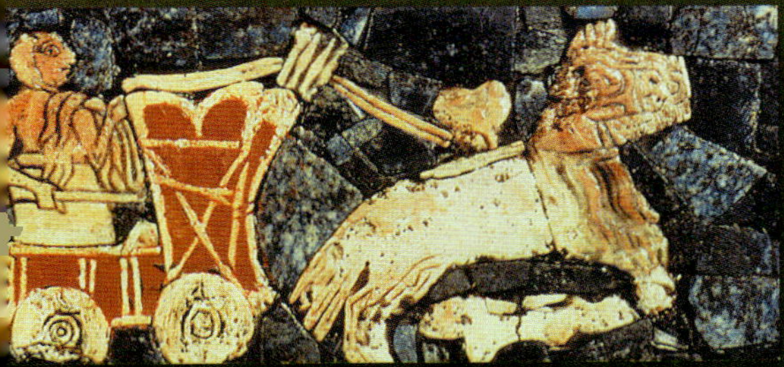

Oorlogstafereel in de Sahara
Het fragment van een muurschildering van de Tassili (afbeelding achtergrond) met een strijdtafereel van boogschutters. In de Sahara van 4000 v.C. werd dus al gevochten.

Organisatie en verdediging
De beroemde Standaard van Ur (zie onder) geeft aan dat in 2600 v.C. de legers al goed georganiseerd waren. Maar eind 1e millennium voor onze jaartelling wisten sommige steden, zoals hier Ninive in Irak (zie boven), zich goed te verschansen achter kolossale vestingmuren.

Martiale allure
Deze magnifieke bronzen ruiter (zie rechts) van de Chinese Han-dynastie illustreert in zijn houding precies de bewondering en het respect dat de krijgers afdwongen.

Weegschaal en gewichten (3000 v.C.)

De geboorte van de handelsbetrekkingen

Met de komst van de metaalbewerking ziet in het begin van het 3e millennium voor onze jaartelling een nieuw instrument het daglicht: de weegschaal. De gebruikte gewichten zijn zeker nog niet wat ze moeten zijn, namelijk vaste grootheden. Maar door de weegschaal krijgt de handel toch een flinke opkikker en wordt het mogelijk de geproduceerde en gewisselde hoeveelheden nauwkeurig te meten.

Lang voordat geld zijn intrede doet, in de 7e eeuw vóór onze jaartelling bij de Lydiërs in Klein-Azië, hebben de mensen waren uitgewisseld door gebruik te maken van ruilhandel. De handelsbetrekkingen kunnen zich echter alleen maar ontwikkelen als de ruil billijk is. Daartoe moet de hoeveelheid goederen die in het geding is precies gemeten kunnen worden. Zoals een aantal stuks vee, dat makkelijk te tellen is, tegen een bepaalde hoeveelheid graan. Dit laatste kan gemeten worden naar volume in een gegeven maat, of naar gewicht. Het gewicht als criterium dient zich aan vanaf het moment dat metalen, die weinig volume innemen en betrekkelijk onveranderlijk zijn, algemeen gangbaar worden als maat voor de ruil. En wie gewicht zegt, zegt weegschaal. En juist de mensen die van de vroegste oudheid op grote schaal handel gedreven hebben met alle Middellandse Zeegebieden tot in Klein-Azië en de Perzische Golf, hebben de weegschaal uitgevonden.

Mooi stuk handwerk
Boven: twee gebeeldhouwde gewichten van hematiet (Mesopotamië, 2000 v.C.). Hiernaast een houten Egyptische weegschaal die gevonden is in de tombe van bouwmeester Kha, van de 18e dynastie (1500 v.C.).

Symbool van rechtvaardigheid
Dit paneel van een houten kist uit het Middenrijk toont de weegschaal waarop de zielen gewogen worden door de jakhalsgod Anubis.

Maten onder controle

De weegschaal wordt begin 3e millennium voor onze jaartelling bijna tegelijk uitgevonden in Mesopotamië en Egypte. Op muurschilderingen van de Egyptische piramide van Sakkara (2700 v.C.) staat de oudste afbeelding van een weegschaal. Tevens is er een massa stenen, aardewerken en bronzen gewichten van allerlei formaten teruggevonden in zowel Mesopotamië als Egypte. De volken van de oudheid bewaarden hun gewichts- en lengtematen zorgvuldig; ze werden in tempels opgeborgen, waar ze regelmatig streng gecontroleerd werden. De betrouwbaarheid van de ruilmiddelen binnen het koninkrijk of keizerrijk is van het grootste belang.

Wanneer het gewicht van bepaalde goedkope bulkgoederen zoals graan of rijst geschat moet worden, hoef je alleen maar een volumemaat met markeringen te nemen, of zelfs de inhoud van een mensenhand. Maar met medicinale poeders, goud en zilver komt de meting wel wat nauwer. Hoe kostbaarder de koopwaar, hoe nauwkeuriger er gewogen dient te worden.

Evenwichtsonderzoek

De eerste weegschalen of balansen bestaan uit een hefboom, een horizontale stang die men vastmaakt in het midden aan een extern element; een koord, dat zelf weer vastgemaakt is aan een pilaar of tak. Aan elk uiteinde van de hefboom worden op dezelfde afstand van het midden twee identieke, open schaaltjes opgehangen. Het te wegen voorwerp wordt op het ene schaaltje gelegd, en op het andere worden gewichten gelegd totdat de hefboom weer horizontaal staat, ofwel in evenwicht is. De som van de gewichten is het gewicht van het voorwerp. De precisie van deze manier van wegen is nogal ruw: men moet steeds in de gaten houden of de hefboom in evenwicht horizontaal is en het ophangkoord ook werkelijk in het midden is vastgemaakt.

Gewaardeerde functie
Op een grafstèle van begin 1e millennium voor onze jaartelling schrijdt een Hittietische rechtsdienaar trots naar voren met een weegschaal in zijn hand (zie links).

Van de Romeinen tot de weegschaal van Roberval

In de 1e eeuw v.C. gebruikten de Romeinen een weegschaal met asymmetrische hefboom. De Chinezen hadden die al in de loop van het 1e millennium voor onze jaartelling. Deze weegschaal wordt nog altijd gebruikt. De hefboom is verdeeld in twee ongelijke stukken. Het kortste draagt de te wegen massa, die eventueel op een schaal wordt gelegd of aan een haak kan worden gehangen. Het referentiegewicht wordt via inkepingen op bepaalde afstanden van elkaar over de lange arm van de hefboom verschoven. In de loop der eeuwen is constant gesleuteld aan de precisie en gebruiksvriendelijkheid van dit instrument, dat door de groei van de handelsbetrekkingen steeds belangrijker werd. Aan Leonardo da Vinci (eind 15e eeuw) wordt de uitvinding van de eerste weegschaal met wijzerplaat met verdelingen toegeschreven waarop meteen valt af te lezen hoeveel iets weegt. We moeten echter geduld hebben tot de 17e eeuw wanneer de Fransman Gilles Personne de Roberval de eerste echte precisieweegschaal uitvindt (1670).

Hightech
Deze Gallo-Romeinse balans getuigt van de vooruitgang in de vervaardiging van meetinstrumenten (zie onder).

In den beginne was de hefboom

Het principe van de balansweegschaal berust op een nog veel oudere uitvinding, namelijk de hefboom. Met deze stevige balk, die om een spil draait, kunnen 'makkelijk' zware lasten opgetild worden door de kracht te vergroten die erop uitgeoefend wordt. Aan de Griek Archimedes (287-212 v.C.) wordt het volgende beroemde citaat toegedicht: 'Geef mij een hefboom en ik zal de wereld optillen.' Hij was een van de eersten die een theorie van de hefboom opstelde. In zijn boek *Over het evenwicht van vlakken* formuleert hij een aantal stellingen over het functioneren van de balansweegschaal: 'Gewichten die in evenwicht zijn op gelijke afstand [van het middelpunt], zijn gelijk' (de klassieke balans). En: 'Twee lichamen zijn met elkaar in evenwicht op afstanden [van het middelpunt] die omgekeerd evenredig zijn met hun gewicht' (de Romeinse balans).

De kalender (2800 v.C.)

Tijdmeting – sociale en religieuze uitdaging

Via welke wegen is men ten slotte uitgekomen bij de Gregoriaanse kalender, die bijna universele maatstaf voor de telling van dagen, maanden en jaren? De historie van de kalender vertelt ons hoe de mens aan de hand van de natuurverschijnselen de verschillende systemen van tijdmeting heeft uitgewerkt.

De eerste kalender is de hemel. Het verschil tussen dag en nacht, de wisseling der seizoenen en de weersveranderingen die daar het gevolg van zijn, de cyclische terugkeer van de sterrenconfiguraties: al deze dingen zijn voor de eerste mensen een onuitputtelijke bron van angsten, maar ook van inlichtingen. Deze kennis van de hem omringende wereld waarmee hij veel verschijnselen kan voorspellen, stelt hij ten dienste van zijn eigen behoeften en die van zijn gemeenschap. Recent is in Saksen-Anhalt de zogenoemde Cirkel van Goseck gevonden die dateert van het 6e millennium voor onze jaartelling. Deze cirkel is waarschijnlijk een van de oudste kalenders: een palissade met verscheidene openingen, waarvan er twee voor een waarnemer in het midden van de cirkel precies overeenkomen met zonsopkomst en -ondergang op de dag van de midwinterzonnewende. Zodoende kon men precies weten wanneer de kortste dag van het jaar was. Van veel later zijn de complexe megalithische structuren uit de bronstijd, zoals Stonehenge (Engeland) en Carnac (Bretagne); dit zijn waarschijnlijk ook reusachtige kalenders waarin de verschillende elementen zo geplaatst zijn dat ze elk moment de respectieve posities van zon en maan ten opzichte van de aarde weergeven.

***De megalietenkring van Stonehenge** (Engeland), sterrenwacht en cultusplaats.*

Chronologische merkstrepen
Wat de 27 000 jaar oude merkstrepen op dit bot uit Les Eyzies (Frankrijk) ook mogen zijn (zie links, vorige bladzijde), of het beeldschrift op dit astrologische kleitablet uit het Mesopotamische neolithicum (zie links), mensen hebben de verstrijkende tijd altijd willen vastleggen.

Een ingewikkelde operatie

Bij de Mesopotamiërs maakte de observatie van de hemelverschijnselen en het weer deel uit van de waarzegkunst, evenals het doen van voorspellingen aan de hand van de ingewanden van dieren. Met hun kennis van de astronomie – ze konden maansverduisteringen, zonnewendes en nachteveningen voorspellen – wisten ze begin 3e millennium voor onze jaartelling al de eerste maankalender op te stellen. De maancyclus heeft bij hen een duur van 29 of 30 dagen (in werkelijkheid 29,5 dagen), en het jaar is verdeeld in 12 maanmaanden en telt dus 354 dagen. Omdat er een verschil is van 11 dagen tussen het maanjaar en het zonnejaar van 365 dagen, losten ze dit op door er een 13e maand tussen te schuiven. Het tijdstip van die maand werd naar willekeur bij koninklijk decreet vastgesteld, vaak door deze extra maand te laten samenvallen met het betalen van de belasting of een offerritueel. Dit correctiesysteem bleef natuurlijk nattevingerwerk; men moest niet raar opkijken als de oogsttijd begon in de maand ná de maand met de desbetreffende naam.

De 'simplistische' Mesopotamische kalender

Voor hun dagelijks leven gaven de inwoners van de Mesopotamische stadstaten de voorkeur aan een vereenvoudigde of, zoals ze zelf zeggen, 'simplistische' kalender. Deze berust op een kalender van 360 dagen die al gebruikt wordt voor de dingen van alledag en met name voor zaken. Pas in de tweede helft van het 1e millennium voor onze jaartelling slagen de Babylonische astronomen erin de posities van zon en maan te berekenen, waarbij ze in het bijzonder rekening houden met de afstand tussen zon en maan aan de horizon. Omdat ze hadden waargenomen dat 235 maanmaanden, gemeten vanaf de waarneming van de eerste zichtbaarheid van de maan, gelijk waren aan 19 zonnejaren, gemeten vanaf de zomerzonnewende, waren ze vanaf toen in staat schrikkelmaanden in te voegen in de kalender die een volmaakte overeenstemming tussen maanmaanden en zonnejaar waarborgden.

Instrumenten om de tijd te meten

De gnomon, een gewone, in de grond gestoken stok waarvan de lengte van de schaduw iets zegt over de uurtijd, is zeker het oudste instrument om de tijd te meten. Hij is de voorloper van de zonnewijzer, die ze al in 1500 v.C. in Egypte kenden. De zonnewijzer is verdeeld in 12 uren, van zonsopkomst naar zonsondergang, maar de duur van de uren varieert met de seizoenen... Aan een zonnewijzer heb je 's nachts natuurlijk niets!
In de oudheid werd ook gebruikgemaakt van de *clepsydra* of waterklok, die in de 16e eeuw v.C. uitgevonden werd door de Egyptenaren. Het is gewoon een waterreservoir met een gaatje in de basis; het water stroomt er met een bepaalde hoeveelheid per tijdseenheid uit en dat is af te lezen op een schaal op het reservoir.
Net als de zandloper dient de wierookklok, uit de 6e eeuw v.C. in China, voor het meten van tamelijk korte tijden aan de hand van het opbranden van een wierookstaafje.
De komst van de eerste mechanische klok in de 13e eeuw betekent een echte breuk met het verleden: voor de eerste keer wordt de tijd niet meer gemeten volgens de zichtbare beweging van de zon of aan de hand van een natuurverschijnsel, zoals het uitstromen van water, maar door de discontinue beweging van tandraderen die met regelmatige intervallen door een vallend gewicht worden voortbewogen. Deze eerste klokken hadden nog geen wijzerplaat of wijzer, en telden slechts de uren. Maar in 1657 verschijnt de penduleklok, een uitvinding van de Nederlander Christiaan Huygens naar observaties van Galileo aangaande de bewegingen van een slinger, die de tijd veel preciezer meet.

Waterklok
Deze illustratie komt uit een islamitisch manuscript uit de 13e eeuw. De figuren boven op de klok zijn automaten.

Het systeem van sterrenbeelden
Op deze wandschildering van de graftombe van Seti I (13e eeuw v.C.) stellen de dieren sterrenbeelden voor. Astronomie, die toen nog slechts astrologie was, was nauw betrokken bij de vaststelling van de kalender.

Bij de Egyptenaren

De Egyptenaren maakten allang gebruik van een maankalender, maar deze bleek ongeschikt voor de eisen van de landbouw en de voorspelling van de belangrijkste zaaidagen. Rond 2700 v.C., tijdens de regering van farao Djoser, wordt deze maankalender vervangen door een kalender van 12 maanden van elk 30 dagen, die ongetwijfeld geïnspireerd is op de vereenvoudigde Mesopotamische kalender; alleen de geestelijkheid blijft de oude kalender gebruiken voor de vastlegging van de religieuze hoogtijdagen.

Elke maand bestaat uit drie perioden van 10 dagen, de decade. De 12 maanden zijn verdeeld over drie seizoenen van elk 4 maanden; deze seizoenen komen overeen met de belangrijkste landbouwperioden, te weten Akhet (de overstromingen), Peret (groei en ontkieming) en Chemou (oogsttijd). Er worden 5 dagen aan het jaar toegevoegd, die door de Grieken *epagomenale* (die erbij komen) dagen worden genoemd. Ze worden bij het jaar opgeteld om 365 dagen te krijgen.

Sothis, ster der voorzienigheid

Het begin van het jaar ligt vast op 1 Thot (19 juli van onze Gregoriaanse kalender) wanneer Sothis (Sirius), de helderste ster, opnieuw boven de horizon verschijnt na 70 dagen niet zichtbaar te zijn geweest. Sothis komt 's ochtends op, net vóór zonsopkomst (daarom wordt er gesproken van de schemeringsopkomst van Sirius). De Egyptenaren waren deze ster enorm toegedaan; zijn opkomst werd gevierd in de cultus van de godin Isis, gemalin van Osiris. De tempel van Isis Hator in Denderah staat daarom gericht op de schemeringsopkomst van Sirius.

Dit aldus gedefinieerde kalenderjaar telt slechts 365 dagen, en geen 365 dagen en een kwart dag, zoals het 'werkelijke' jaar. In de loop der tijd veroorzaakt dit een steeds groter verschil met betrekking tot de seizoenen, wat haar de naam 'vage kalender' bezorgt.

Het decreet van Canopus

Op een mensenleven levert dit slechts een verschil op van zo'n 15 dagen. En de boer houdt nauwelijks rekening met de kalender bij zijn dagelijks werk. Het vervelende van dit verschil wordt daarentegen het meest gevoeld op liturgisch gebied. Bepaalde met de seizoenen verbonden rituelen, zoals oogstfeesten, worden uiteindelijk hartje winter gevierd.

In 238 v.C. maakt Ptolemaeus III Euergetes in het decreet van Canopus bekend dat elk 4e jaar een 6e *epagomenale* dag wordt ingevoegd. Maar deze hervorming stuit op tegenstand, met name van de geestelijkheid; daarom wordt de hervorming nooit echt doorgevoerd.

Hoe de kalender universeel werd

De Grieken nemen een zon-maankalender over van de Babyloniërs waarin het jaar 12 maanden van 30 dagen heeft. Deze kalender was niet aangepast aan de seizoenen, en dus gebruikten ze liever kalenders waarin de te vervullen taken samenvielen met bepaalde astronomische gebeurtenissen; zo'n almanak uit de oudheid werd *parapegma* genoemd. Deze worden gebruikt naast de officiële kalender, zodat zich het probleem voordoet van de synchronisatie van maanmaanden en zonnemaanden. Stel een kalender van 354 dagen met alternerende maanden van 29 en 30 dagen, waar men ten tijde van Solon (600 v.C.) om de 2 jaar een extra maand van 30 dagen aan toevoegde, de *embolistische* maand. Deze maand werd in Athene na de 6e maand ingevoegd, maar in andere stadstaten gewoonlijk aan het einde van het jaar. Ook dit systeem kent zijn gebreken, want er wordt een jaar gecreëerd van 369 dagen, wat te lang is voor een zonnejaar.

De hervorming van Caesar

In Rome wordt de kalender tijdens de Republiek een zonnekalender, na eerst maankalender te zijn geweest. Het jaar telt 355 dagen en is verdeeld in 12 maanden van variabele duur, plus extra dagen om de gemiddelde

HET GEHEIMZINNIGE WONDER VAN DE MAYAKALENDER

Terwijl de mediterrane en oosterse wereld aan het knutselen waren aan een betrouwbare kalender, waren de Maya's van Midden-Amerika er in de eerste eeuwen van onze jaartelling al in geslaagd de duur van een jaar met grotere nauwkeurigheid vast te stellen dan de Gregoriaanse kalender: 360 dagen plus 5 stille dagen, ofwel het Haab-zonnejaar. Om onduidelijke redenen hanteerden de Maya's cycli van 7200 dagen *(katun)*, ofwel 20 jaar. Ze beschikten over een tabel met de exacte fasen en eclipsen van de maan, de zonsverduisteringen en de hemelbewegingen van Venus. Met geen andere instrumenten dan hun ogen hebben ze de bewegingen van deze planeet berekend met een foutmarge van maar 2 uur op een periode van 5 eeuwen. Ze kenden toen al getallen met decimale posities en het getal nul, dat het Westen pas leerde kennen van de Arabieren, die het op hun beurt weer hadden van de Indiërs. Zo konden ze eenvoudig alle getallen weergeven. Ze hadden ook een begindatum van hun geschiedenis: het jaar 3113 voor onze jaartelling. Het meest verrassende in hun concept van tijd is het moderne onderscheid tussen oneindige tijd (verleden, heden en toekomst als continuïteit) en de menselijke tijd die gekenmerkt wordt door cycli. De Franse historicus Jacques Soustelle schreef dat 'de Maya's misschien wel het enige volk ter wereld is dat de tijd een eredienst gegeven heeft'.

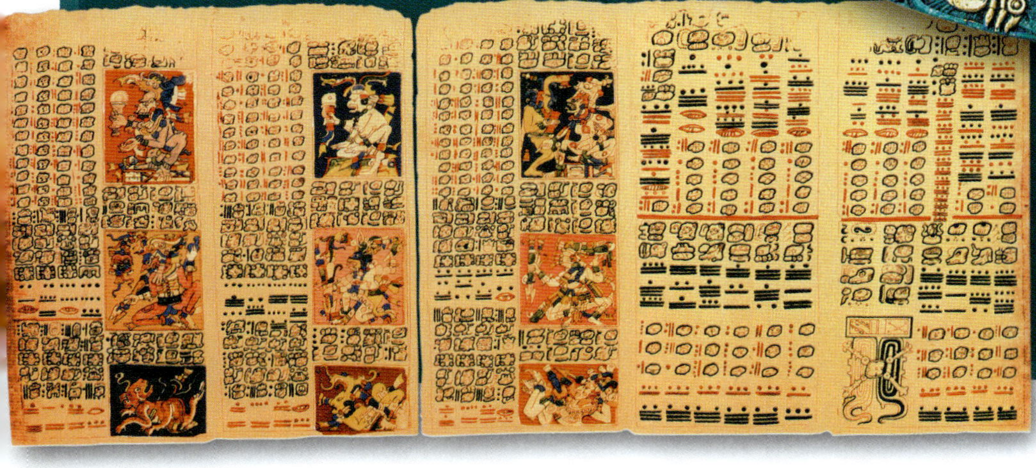

Dit fragment van de Mayakalender (Codex van Dresden) *getuigt van de opmerkelijke kennis van tijdmeting bij de oude Mexicanen.*

De Grote Kalendersteen van de Azteken
Deze schijf was een officiële religieuze kalender in de 16e eeuw.

jaarduur van 365 dagen en een kwart te krijgen.

Om een einde te maken aan de toen heersende wanorde en alle manipulatie te voorkomen, hervormde Julius Caesar, steunend op de adviezen van de astronoom Sosigenes van Alexandrië, op zijn beurt de kalender. Voortaan zou het jaar om de 4 jaar 366 dagen tellen in plaats van de gewone 365. Deze dag werd toegevoegd aan de maand februari door verdubbeling van de 24e dag, wat in Romeinse termen luidde: de 6e dag vóór de *calendae* (de eerste dag) van maart. De dubbele dag werd de 'tweede 6e dag vóór de *calendae* van Mars' of in het Latijn: *bis sextus ante calendas martias*. Toen werd ook besloten de lente-equinox (wanneer dag en nacht even lang zijn) op 25 maart te laten vallen. Om dit gedaan te krijgen werd het jaar 708 van de stichting van Rome verlengd met 90 dagen. Het begin van het jaar werd definitief vastgelegd op

Romeinse kalender
Dit fragment (helemaal boven) is een detail van de Fastes Amiternines, *religieuze feestdagen.*

Egyptische klokken
De schaduwklok of gnomon en de zonnewijzer waren de twee soorten klokken die in Egypte gebruikt werden.

De uitvinding van de week

In de Romeinse kalender werden de dagen op primitieve wijze geteld door te refereren aan bepaalde vastgelegde dagen: *calendae* (1e dag van de maand), *nonae* (5e dag) en *iden* (13e dag). Dit systeem werd vervolgens vervangen door de week van 7 dagen, zoals bij de Hebreeuwen. De dagen werden genoemd naar zon en maan, en de toen bekende planeten: Mars gaf zijn naam aan de dinsdag, Mercurius de woensdag, Jupiter de donderdag, Venus de vrijdag, en Saturnus aan de zaterdag. De Nederlandse dinsdag tot en met vrijdag zijn afgeleid van de corresponderende Germaanse goden Tiwaz, Wodan, Donar en Freija, en de zaterdag weer van Saturnus.

Deze eeuwigdurende kalender van verguld zilver is van de hand van Johann Martin, edelsmid uit de 16e eeuw (zie links).

Een Noorse almanak bestaande uit tien houten bladen met gegraveerde runentekens (16e eeuw).

HET JAAR 1

De christelijke jaartelling heeft als theoretisch vertrekpunt de 1e januari volgend op de geboorte van Jezus (1 januari van het Romeinse jaar 754) ofwel het jaar 1 (en niet jaar 0, want dat bestaat niet). Deze datum is het resultaat van een geleerde dwaling van een Scytische monnik uit de 5e eeuw, Dionysius Exiguus, die in opdracht van paus Johannes I een christelijke jaartelling als coherent systeem uitdacht. Jezus is echter geboren in het jaar 7 v.C., want toen onder de regering van Herodes de Grote het bevelschrift van de volkstelling uitging waardoor Maria verplicht was te bevallen in Bethlehem, was het 8 v.C. De boeddhistische jaartelling begint op 544 v.C., het jaar van Boeddha's dood, en voor de moslims begint de jaartelling in 622 n.C., het begin van de *hejira*, de dag waarop Mohammed Mekka verliet voor Medina.

1 januari (eerst 1 maart). De door Julius Caesar opgestelde kalender (Juliaanse kalender) zal 15 eeuwen in gebruik blijven. Maar na enkele eeuwen was er al een verschil met de zonnekalender. Een zonnejaar telt namelijk 365,2422 dagen en een Juliaans jaar 365,25. In 4 eeuwen tijd loopt de Juliaanse kalender dus 3 dagen achter op de zonnekalender.

De bijstellingen van paus Gregorius XIII

Toen men in 1582 de datum wilde vaststellen waarop Pasen dat jaar gevierd zou worden, gaf de Juliaanse kalender al een verschil van 10 dagen op het zonnejaar. Sinds het eerste Concilie van Nicaea in 325 vierde men Pasen op de eerste zondag na volle maan volgend op de equinox van 21 maart, en in geen geval vóór 22 maart of na 25 april. In 1582 lag de equinox op 11 maart in plaats van op 21 maart. Om deze fout te corrigeren stelt paus Gregorius XIII een nieuwe kalender voor, de zogenoemde Gregoriaanse kalender, die de equinox weer terug moet brengen op 21 maart, zoals bij het eerste Concilie van Nicaea. Er moeten dus 10 dagen verdonkeremaand worden, en dat gebeurde voor heel de christelijke wereld door van 4 oktober 1582 meteen over te springen op 15 oktober 1582. Bovendien worden 3 schrikkeljaren geschrapt over een periode van 4 eeuwen: de eeuwjaren die in de Juliaanse kalender schrikkeljaren zijn en niet deelbaar zijn door 400, werden weer gewone jaren van 365 dagen.

De algemene verbreiding van de Gregoriaanse kalender

In het begin adopteren alleen de katholieke landen de nieuwe kalender. Spanje en Portugal stellen hem op dezelfde tijd in als Rome. Frankrijk wijzigt zijn systeem in december van hetzelfde jaar; de dag na 9 december 1582 valt op 20 december. Polen neemt hem over in 1586 en Hongarije het jaar daarna.

De protestantse landen Engeland en Zweden begonnen er pas in 1752 aan en moesten toen dus 11 dagen schrappen. De landen met een orthodoxe traditie blijven als laatste trouw aan de Juliaanse kalender, maar ook zij gaan overstag als ze zien dat het systeem overal in gebruik is. De Sovjet-Unie gaat in 1918 over op de nieuwe tijdrekening; de Oktoberrevolutie van 1917 wordt in dat jaar in november van de nieuwe kalender gevierd. Griekenland doet in 1923 mee en verliest 13 dagen, en Turkije volgt in 1927.

Deze bladzijde uit een middeleeuws astronomisch jaarboek bewijst hoeveel zorg er besteed wordt aan het meten van de tijd.

Imhotep (2686-2613? v.C.)

De eerste vertegenwoordiger van de universele mens

Het is de ongewilde ironie van de geschiedenis dat de architect Imhotep tegenwoordig van naam beter bekend is dan farao Djoser, de stichter van de 3e dynastie van Memphis. Toch heeft Imhotep in opdracht van de laatste de piramide van Sakkara gebouwd (2650 v.C.), een van de oudste grafmonumenten die nu nog bestaan.

Imhotep is vanaf de vroegste oudheid altijd al beroemd geweest. Hij is, net als Leonardo da Vinci en Aristoteles, een vertegenwoordiger van de universele mens en geleerde die alle kennisgebieden van zijn tijd beheerst en in staat is grenzen te verleggen en nieuwe perspectieven te openen. We weten bijna niets over zijn leven, alleen dat hij de zoon was van een architect in de buurt van Memphis.

Ten tijde van het Oude Rijk

De archeologie weet daarentegen een heel precies beeld te schetsen van het Egypte ten tijde van het Oude Rijk en van de kennis van de mensen die toen leefden. Het land, dat tot eenheid is gebracht onder de heerschappij van een farao, leeft volgens het ritme van de dalende en rijzende Nijl, die de levensader is van het land. De landbouwtechnieken zijn nog erg primitief, ook al heeft de mens nu grondige kennis van de irrigatietechnieken.

In tegenstelling tot koper wordt brons nog niet veel gebruikt, en het wiel evenals de hijstoestellen zijn er nog onbekend. Particuliere huizen, tempels en monumenten worden gebouwd van ongebakken klei, maar er kan al wel steen worden verzaagd. In de geneeskunde worden de principes van observatie en argumentatie steeds meer toegepast, maar nog altijd in de schaduw van de traditionele magische praktijken.

De vele gezichten van Imhotep

Op een inscriptie op de sokkel van een standbeeld in Sakkara vinden we een opsomming van Imhoteps titels: 'Kanselier van de koning van Beneden-Egypte, premier van Boven-Egypte, beheerder van het grote paleis, erfelijk edelman, grootpriester van Heliopolis, (...) bouwer, beeldhouwer.'

Hij bekleedt een aantal politieke functies die van hem de tweede man in de staat maken. Bovendien bezit hij de religieuze attributen waarop zijn spirituele autoriteit berust. Maar hij heeft ook bekwaamheden op het gebied van specialistische kennis, wat opmerkelijk is voor iemand van zijn stand. Traditioneel worden aan hem een boek over ethiek en kennis van de agronomie toegeschreven. Bovendien was hij als hoofd van de priesters een astronoom van naam. In een tijd waarin de geneeskunde als vanzelf voortvloeit uit de godsdienst, bevrijdt Imhotep zich van zijn rol van 'medicijnman', die van de goden de macht gekregen heeft hen te genezen die door ziekte gestraft zijn, en neemt hij de rol op zich van praktiserend arts die methoden toepast op basis van observatie en argumentatie. Sommige specialisten dichten hem het auteurschap van een aantal recepten en methoden toe van de Papyrus Ebers, dat beschrijvingen van de anatomie bevat, een verhandeling over enkele pathologische casussen met hun behandeling en medicijnrecepten.

De eerste piramide

Zijn grootste roem behaalt Imhotep als bedenker van de eerste piramide. Deze bevindt zich in Sakkara, op de linkeroever van de Nijl boven de stad Memphis op de grens van Boven- en Beneden-Egypte. Het project van dit grote grafcomplex voor farao Djoser is opgezet rond de traditionele *mastaba*. Dit is een tombe in de vorm van een afgeknotte piramide die oprijst in het midden van een rechthoekige omheining met hoge muren waarbinnen allerlei andere tempels en kapellen staan. We weten niet hoe Imhotep het idee kreeg om deze *mastaba* van 8 m hoog te omhullen met een grotere piramide met zes ongelijke traptreden van 62 m hoogte en met een rechthoekige basis. Dit monument, dat als een trap naar de hemel voert, is een politiek manifest dat de macht van de farao bejubelt. Maar het is ook een bouwkundig huzarenstuk. Hij is niet van ongebakken steen, maar van zachte witte kalksteen die makkelijk te bewerken is.

De stenen zijn zorgvuldig gestapeld en voorzien van een schuine kant voor de stabiliteit van het bouwwerk. In Sakkara creëert Imhotep het eerste grafcomplex dat geheel opgetrokken is uit steen uit de steengroeven. Imhotep staat aan de basis van al die andere piramiden die ons zo fascineren; hij is min of meer de directe voorvader van alle architecten.

Een mens wordt god

Vanaf het 1e millennium voor onze jaartelling wordt Imhotep overal in Egypte vereerd als god-geneesheer en als zoon van de god Ptah. Er zijn verscheidene tempels aan hem gewijd die, tot aan de verovering van Alexander de Grote in de 4e eeuw v.C., getuigen van de populariteit van zijn cultus. De Grieken stelden hem gelijk met Asklepios, de god van de geneeskunde.

Vieringen
De Egyptenaren bleven Imhotep lang na zijn dood vereren. Het standbeeld links (vorige bladzijde) is meer dan 20 eeuwen na de bouw van zijn beroemde piramide van Djoser (afbeelding achtergrond) gemaakt. Hieronder ziet u de naam van de geleerde op een sokkel van het Oude Rijk.

De acupunctuur (2600 v.C.)

Therapie van het evenwicht

De acupunctuur, die vandaag de dag door veel westerse artsen wordt gepraktiseerd, stamt uit het China van de bronstijd. Zoals alle traditionele Chinese geneeskunde spruit ook de acupunctuur voort uit de holistische visie van het evenwicht tussen lichaam en wereld.

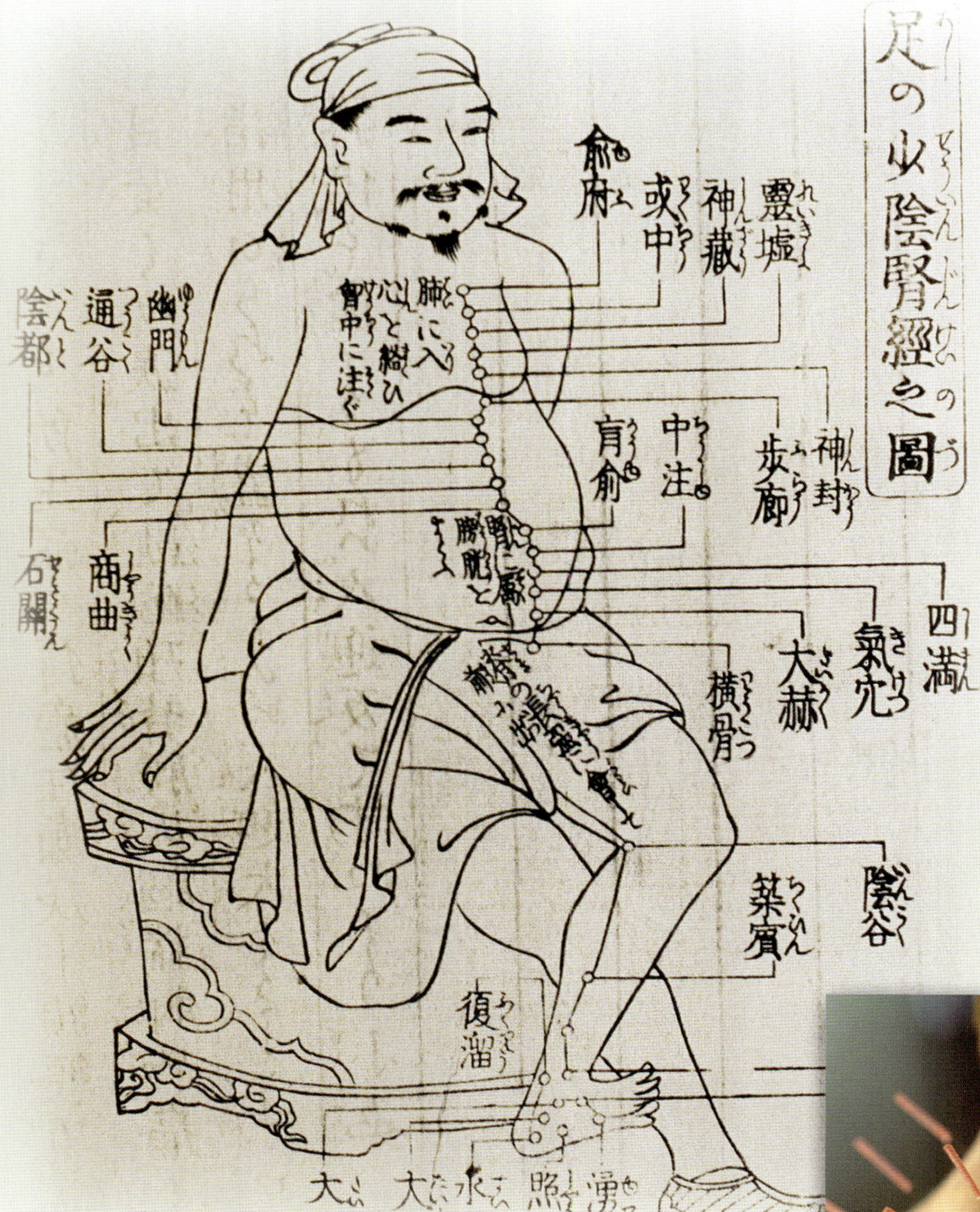

Het woord is van betrekkelijk recente datum, in de 17e eeuw voor de eerste keer gebezigd door jezuïtische missionarissen. De praktijk is echter veel ouder. Volgens de traditie wordt de uitvinding toegeschreven aan de legendarische vorst Huangdi (2600 v.C.). In werkelijkheid heeft de uitvinding van deze techniek, waarbij bepaalde punten van het lichaam worden geprikkeld met dunne naalden, veel te danken aan toeval en waarneming. Door de ervaring van toevallige prikkeling die een verlichting van een pijn tot gevolg heeft, opnieuw te willen beleven, maar dan bewust, is men te weten gekomen welke punten verantwoordelijk zijn voor bepaalde effecten in bepaalde delen van het lichaam. De oudst bekende naalden van gesneden vuursteen dateren van het 4e millennium voor onze jaartelling. Daarna werden bot, bamboe en terracotta gebruikt, totdat koper, ijzer en goud hun plaats innamen in de 1e eeuw v.C. Tegenwoordig zijn de meeste naalden van roestvrij staal.

Yin en yang, de universele dualiteit

De acupunctuur berust op een typisch Chinees concept dat in elk verschijnsel de werking ziet van twee tegengestelde krachten: een actief principe, *yang*, en een passief principe, *yin*, die in wisselwerking weergegeven worden in het ideogram *taijitu*. Dit is een cirkel waarin yang opstijgt en yin daalt. Deze dualiteit regelt alle ritmen, zowel die van de natuur als die van het menselijk lichaam.

DE POLS, EEN ONMISBARE INFORMATIEBRON

Elke acupunctuurbehandeling begint met het voelen van de pols. De arts neemt daarin het rijzen en dalen van yang waar, en bepaalt het moment waarop de door de ziekte veroorzaakte storing optreedt, en aan de hand daarvan wat de aard van de ziekte is. Meestal is er sprake van een teveel of gemis aan yang, en dus een verstoring van het evenwicht tussen beide krachten.

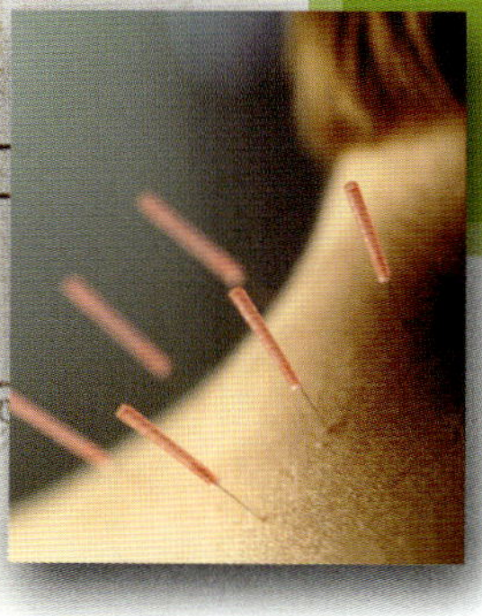

Geneeskundeles
Een plaat met acupunctuurpunten op het lichaam en hun indicaties (zie links); hiernaast ziet u acupunctuurnaalden in de nek van een patiënt.

De Chinese goden van de geneeskunde
Shen-nung (rechts) test een medicijn op basis van planten. De god in het midden draagt de taijitu.

In het kader van dit energieconcept moet ziekte gezien worden als een ontregeling van het evenwicht tussen mens en kosmos, of met andere woorden: als een verstoord evenwicht tussen het interne ritme en dat van de wereld. Het zetten van naalden op specifieke punten van het lichaam is erop gericht de energiestroom te reguleren en het evenwicht te herstellen door overtollige energie om te leiden naar punten die een tekort hebben.

De actualiteit van een duizenden jaren oude therapie

De acupunctuur werd in de 5e eeuw in Japan geïntroduceerd, maar het Westen maakte er via verhalen van reizigers en missionarissen kennis mee in de 16e eeuw. Pas in de 19e eeuw gingen sommige artsen haar toepassen. De sinoloog Georges Soulié de Morant vertaalde in de 20e eeuw de belangrijkste verhandelingen en maakte zich sterk voor de acupunctuur. Een nieuwe ontwikkeling is de toepassing van acupunctuur in de anesthesie: door de naalden te vervangen door elektrische prikkels worden de 'boodschappen' afgestopt die de pijnsensatie overbrengen naar de hersenen.

De basisprincipes

De principes van de traditionele acupunctuur worden behandeld in de *Nei Jing*, een geschrift over de geneeskunde waarvan de datum onzeker is, maar in ieder geval van vóór de christelijke jaartelling. Het eerste werk dat specifiek ingaat op de acupunctuur en het gebruik van *moxa* (brandende bijvoetstokjes die boven bepaalde punten van het lichaam gehouden worden) is van later datum. Deze *Zhen Jiu Jia Yi King* is een werk van de geleerde Huangfu Mi (215-282), waarin alle 649 acupunctuurpunten zijn opgenomen, waarvan er 349 benoemd worden.

Mens en wereld

In het organisme wordt de vitale energie met een regelmatig ritme, dat zich aanpast aan de wisseling van dag en nacht, vervoerd door middel van 14 meridianen, 12 symmetrische links en rechts, en 2 unieke, een midden over de voorkant en een midden over de achterkant van het lichaam. Elk van deze meridianen komt overeen met een orgaan of een functie, en draagt punten, 649 in totaal, die allemaal met dat specifieke orgaan te maken hebben: zo heeft de long 11 punten, heeft de maag er 45 en de blaas 47.

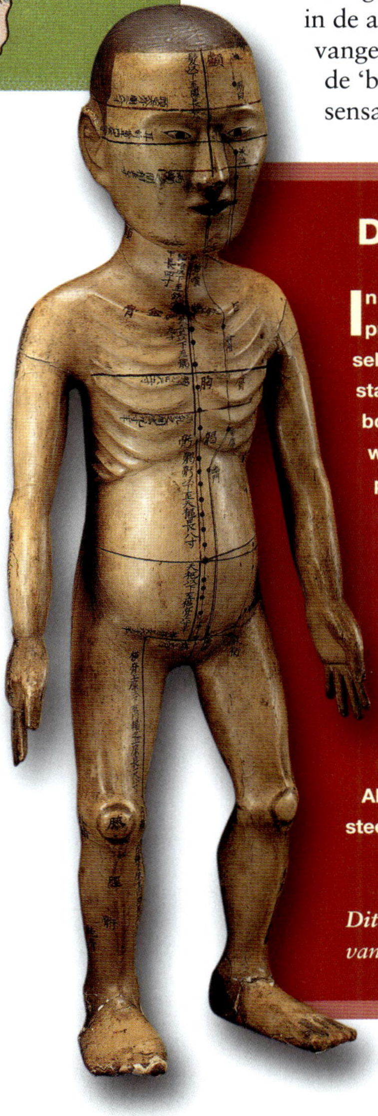

De studie van het vak

In China was de praktijk van de acupunctuur nooit voorbehouden aan een selecte groep van ingewijden die in staat waren om de zeer complexe symbolische principes te begrijpen. Er was een algemene opleiding tot acupuncturist waar de toekomstige behandelaars de juiste punten leerden lokaliseren met behulp van beeldjes waarvan de eerste werden gemaakt in de 11e eeuw tijdens de Songdynastie. Bij het examen krijgt de kandidaat een beeldje voor zich dat gevuld is met water en waarvan alle punten zijn dichtgestopt met was om ze onzichtbaar te maken. Als hij op de goede plek een naald steekt, spuit het water eruit.

Dit acupunctuurpoppetje dateert van de 18e eeuw.

Van magie naar geneeskunde

Bij de prehistorische mensen bestond al de behoefte om pijn te verlichten en wonden te verzorgen. De eerste geneeskundige behandelingen waren natuurlijk nog primitief en leken meer op magische rituelen, maar ze waren wel gefundeerd op waarneming en ervaring. Ze zijn een voorafschaduwing van de medische wetenschap, die de Grieken verder zouden ontwikkelen.

In 1996 ontdekt een team van archeologen vlak bij het dorp Ensisheim in de Elzas een menselijke schedel met de sporen van twee schedelboringen die 7000 jaar voor onze jaartelling zijn uitgevoerd. Deze verre voorouder, de tot nu toe oudst bekende patiënt die een chirurgische ingreep heeft ondergaan, is het bewijs dat de mensen in het neolithicum al handelingen konden verrichten die een zeker niveau van technische beheersing vereisten. Misschien is de tweede operatie niet op een succes uitgelopen, maar dat neemt niet weg dat de patiënt de eerste ingreep in ieder geval een bepaalde tijd heeft overleefd! Opgravingen op de meest uiteenlopende plekken geven een tamelijk precies beeld van de staat van kennis in het neolithicum. Behalve schedelboringen uitvoeren kon *Homo sapiens* ook beenbreuken zetten, ledematen amputeren en wonden uitbranden. En bovendien kende hij de geneeskrachtige eigenschappen van bepaalde planten.

__Gula__ (links), Babylonische godin van de geneeskunde (1300 v.C.), en __Pazuzu__ (rechts), een van de angstaanjagende Assyrische demonen aan wie de ziekten werden toegeschreven.

Hieronder het zegel van geneesheer __Makkur-Marduk__.

Geneesmiddelen
Gedroogde hagedissen en slangen, plantenwortels en bast, poeders van plantaardige en dierlijke herkomst: al deze ingrediënten van de traditionele geneeskunde worden nog altijd gebruikt in Xinjiang (China) en veel andere landen *(zie blz. 131)*.

Het rijk van de magie

Niet alleen is deze primitieve geneeskunde nog erg proefondervindelijk en variëren de behandelingen van streek tot streek, ze wordt ook nog beheerst door bijgeloof. De ziekte en het ongeval zijn een straf van de goden. Alleen met behulp van daartoe geëigende rituelen kunnen de goden gekalmeerd worden en kan de doelmatigheid van de verzorging en een voorspoedig genezingsproces worden gegarandeerd. De geneeskunde was nog nauw verbonden met de magie. Deze verbintenis zal nog duizenden jaren standhouden, en in het volksgeloof zelfs tot in onze tijd.

De doktersrecepten van de Mesopotamiërs

Doordat de Mesopotamiërs al in het 4e millennium v.C. konden schrijven, hebben ze ons een heleboel getuigenissen van hun oude geneeskunde nagelaten. Tijdens opgravingen bij de Soemerische stad Nippur is op een kleitablet de oudste collectie medicijnrecepten gevonden. Er bestaan er veel meer van, met name uit de neo-assyrische tijd (11e-8e eeuw v.C.) en neobabylonische tijd (7e-6e eeuw v.C.). Deze documenten bevatten correspondentie tussen artsen en hun patiënten, maar ook 'handleidingen' voor exorcisten en teksten met te volgen procedures en handelingen bij een bepaalde aandoening. Een oudbabylonische tekst is verrassend precies: 'Als iemand geelzucht heeft: week zoethoutwortel in melk; laat dit 's nachts onder de blote sterren rusten; meng er dan gezuiverde olie door; geef het hem te drinken en hij zal genezen.'

Grenzen aan de kennis

Dankzij deze teksten krijgen we een goed beeld van hoe ver de Mesopotamiërs waren op medisch gebied. Behalve enkele 'simpele' ziekten wisten ze botbreuken en verstuikingen te genezen en bepaalde chirurgische ingrepen te verrichten, waarbij ze met behulp van oliën postoperationele infecties konden voorkomen. In de oogheelkunde waren al enkele oogaandoeningen bekend, maar ze beheersten die operatietechniek nog niet. Verrassend is dat in de teksten ook sprake is van bepaalde gemoedsaandoeningen, zoals bezorgdheid en neerslachtigheid. Maar het zou onjuist zijn te zeggen dat de psychiatrie geboren is tussen de Eufraat en de Tigris!

Arts en duiveluitdrijver

De geneeskunde is niet een en al magie. De goden zijn dan misschien begiftigd met de macht om te genezen, zoals Gula (een van de weinige godinnen die niet geassimileerd is door de grote Ishtar) en Ea, de god van de wateren, maar bezweringen en gebeden kunnen de tussenkomst van de geneeskundige niet vervangen. Er bestaat geen unieke 'beroepsvereniging' van artsen. Een priester die een speciale opleiding heeft genoten, kan ook arts zijn, de *âshipu*, die diagnoses stelt en zich bezighoudt met de genezing van de zieke met behulp van bezweringen en echte medische handelingen. Hij werkt samen met een ziener, de *bâru*, die meehelpt bij het stellen van de diagnose. Daarnaast is er nog een ander type arts, de *âsu*, die zijn kunst op empirische gronden stoelt en daarom in de teksten soms 'fysicus' genoemd wordt. Het zou te simpel zijn de *âshipu* en de *âsu* als elkaars tegenpolen te zien, alsof de één een medische praktijk voerde op grond van bijgeloof en de ander een verlichte wetenschapper was. De grens tussen beide typen is nogal vaag; ze vullen elkaar eerder aan dan dat ze elkaar bestrijden. Uit een brief aan de koning van Mari zien we het volgende beeld oprijzen van een consultatie met de *âsu* Merânum en de *bâru* Ishi-Addu: 'Terwijl Ishi-Addu de orakels raadpleegt, is Merânum bezig met het verband.'

Planten – belangrijkste bron van medicijnen

In Mesopotamië zijn alle artsen priesters. Ze krijgen hun opleiding in de tempel, wat inhoudt dat ze de verschillende medische verhandelingen bestuderen. Deze theoretische opleiding verklaart het gerationaliseerde

Toen was er al een 'ziekenfondsarts'

Tijdens de 18e dynastie (14e eeuw v.C.) werd de arts bij koninklijk decreet een rijksambtenaar die de zieke móést behandelen, of hij er een honorarium voor kreeg of niet.

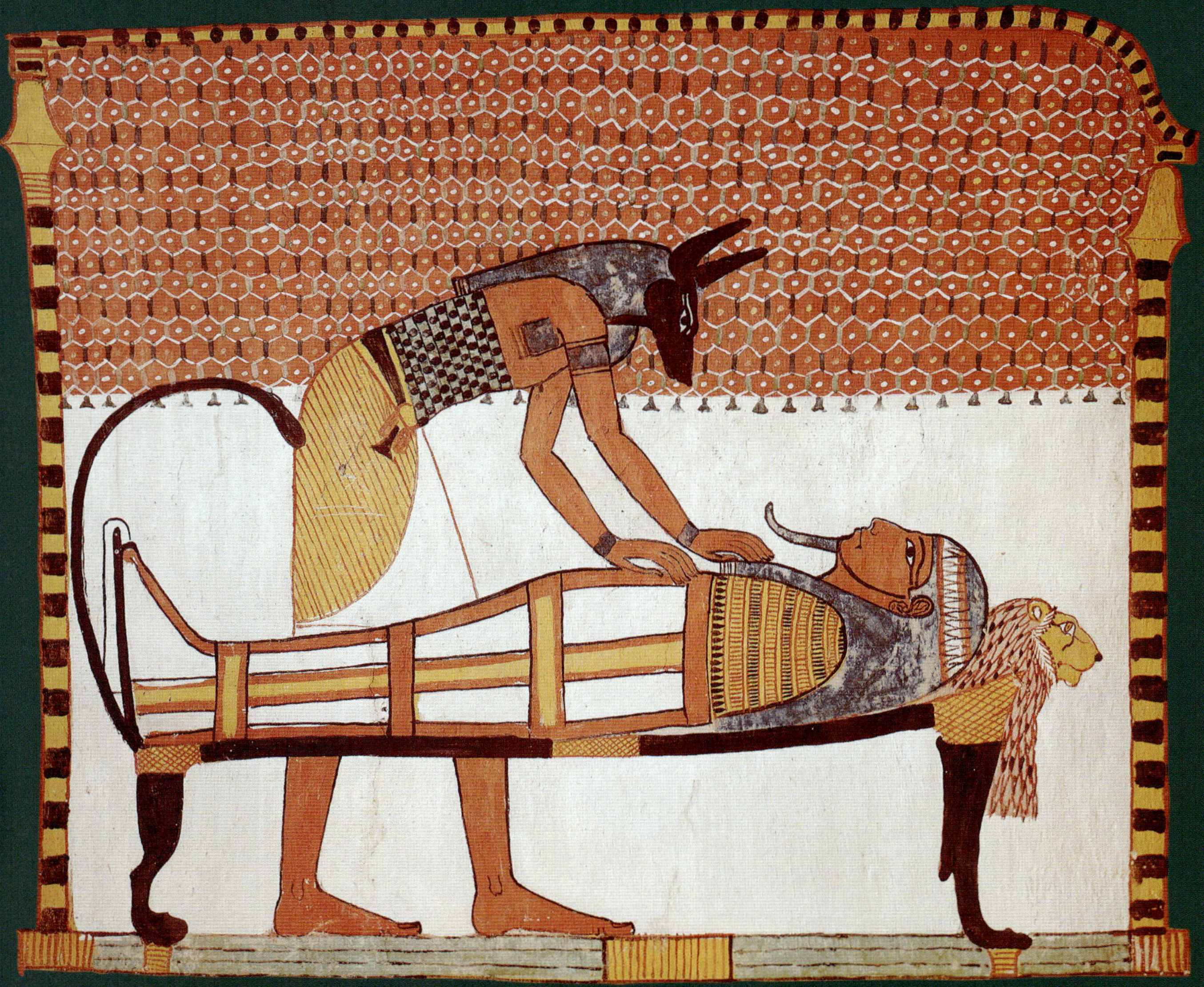

De kunst van het balsemen
De god Anubis (hierboven) zorgt voor de goede toestand van de mummie van Sennedjem (18e eeuw v.C.).

Amuletten
Deze voorwerpen (blz. 132 en 133), plus het oog oedjat (blz. 133, rechtsonder), zijn amuletten ter bescherming tegen ziekte en hekserij.

karakter van de diagnostiek en van de voorgestelde geneeswijzen. De diagnostiek bestaat erin de aard van het symptoom te duiden, dat wil zeggen het mankement dat eraan ten grondslag ligt, en de patiënt daarvan te zuiveren, een verloop dat echte medische handelingen niet uitsluit, zoals we gezien hebben. De medicijnen komen van planten en mineralen, zoals zout en salpeter, maar ook van dieren, zoals schildpadschild en melk. Ze worden de patiënt toegediend onder verschillende vormen: fijngemalen en eventueel gemengd met bier, azijn of honing, als zalf, siroop, pommade, brijomslag of zelfs als zetpil.

De geneeskunde ten tijde van de farao's

Onderzoek van Egyptische skeletten en mummies heeft behalve allerlei ziekten, zoals reumatiek, bilharziasis – nog altijd gevreesd aan de oevers van de Nijl –, tuberculose, aderverkalking en kinderverlamming, ook sporen van chirurgische ingrepen aan het licht gebracht. Maar we krijgen het beste totaalbeeld van de faraonische geneeskunde aan de hand van de talloze manuscripten en voorstellingen in grafmonumenten. De geneeskunde wordt beheerst door de figuur van Imhotep, die door de Egyptenaren aanbeden werd als een god en door de Grieken gelijkgesteld met Asklepios. Zoals in Mesopotamië is ook hier de geneeskunde onderworpen aan de godsdienst; behalve Horus worden nog tal van andere beschermgoden of bemiddelaars aangeroepen om de arts te beschermen tegen besmetting en om de demonen te verjagen die de zieke kwellen.

Het lichaam en zijn voorstellingen

De anatomische en fysiologische kennis van die tijd is gebaseerd op de ontledingen bij het balsemen. Het kanalenstelsel dat vanaf de Nijl de vruchtbare gronden van Egypte moet bevloeien staat model voor het menselijk lichaam. Vanuit het hart lopen de aderen naar de verschillende delen van het lichaam. Deze aderen vervoeren naast lucht alle vloeistoffen, van

Inventaris
Hieronder ziet u een Romeins reliëf uit de 1e eeuw v.C. met de instrumenten van een chirurg, en een Egyptische papyrus uit 1325 v.C. met de beschrijvingen van ziekten, hun symptomen en behandeling.

Diagnostiek, toen al?

Voor de Egyptenaren maakt observatie deel uit van de medische techniek. Dat behelsde waarschijnlijk ook auscultatie, althans als we een passage van de Papyrus Ebers goed interpreteren die zegt dat 'het oor hoort wat daaronder gebeurt'. Zoals in Mesopotamië steunt de arts in zijn argumentatie op proposities en deducties waarvan geleerde teksten, die door de schrijvers zijn gekopieerd en van generatie op generatie zijn doorgegeven, voorbeelden geven. Kan men hieruit opmaken dat de Egyptische geneeskunde zich geleidelijk heeft losgemaakt van de godsdienst? Het is een verleidelijke hypothese die gebaseerd is op bepaalde papyrussen waarin 'objectieve' beschrijvingen staan van allerlei ziektebeelden zonder de begeleidende bezweringen.

Antibiotica – 35 eeuwen oud!

Het empirisch gebruik van antibiotica in China (1500 v.C.) wordt bevestigd door wond- en huidbehandelingen met gefermenteerde beschimmelde sojapasta die penicilline bevat. De ontdekking van aardewerken potten met streptomycine in natuurlijke staat lijkt erop te wijzen dat de Egyptenaren 3000 jaar geleden ook al weet hadden van de antibiotische eigenschappen van deze schimmel.

bloed tot sperma, maar ook alle voedingsstoffen, fecaliën en ziekteverwekkers, ofwel *oekhedoe*. De pols wordt gezien als 'de plek waar het hart spreekt' en de rol van de longen wordt als belangrijker beschouwd dan die van de lever. In 5000 jaar tijd hebben de Egyptenaren zoveel kennis verzameld dat Egypte wordt gezien als de 'moeder van de geneeskunde'. In de Egyptische taal zijn dan al een honderdtal ziekten met naam bekend: metritis, problemen met blaas en nieren, zoals diabetische polyurie, oogaandoeningen, dysenterie, darmparasieten, huidaandoeningen en amandelontsteking. Chirurgen maken onderscheid tussen enkelvoudige en complexe breuken, waarbij het bot in meerdere stukken is verbrijzeld.

Een verbazingwekkende apotheek

Aan de duizelingwekkende kennis van geneesmiddelen hoeven we bij de Egyptenaren totaal niet te twijfelen. De lijst met ingrediënten is lang: ruim zeventig organische stoffen van dierlijke herkomst, waaronder vreemde goedjes als krokodillenbloed, bavianenpels, thee van schorpioenen en kattenbaarmoeder, een twintigtal plantensoorten (palm, acacia, ceder, vijg enzovoort) en evenveel mineralen (poeder van lapis lazuli, arsenicumsulfide, loodzouten, zeezout, enzovoort). Daarvan worden talloze zalfjes, drankjes, klysma's en brijomslagen samengesteld die de arts zijn patiënten voorschrijft na ze te hebben gemengd met vogelpoep, melk van een pas bevallen vrouw, bier, melk en dierlijk vet. Naast aftreksels, balsems, pommades en lotions zien we ook andere manieren van toediening verschijnen, zoals vaginale injecties met behulp van dierhoorns, of oogwater dat in het oog gegoten wordt door middel van een giersnavel.

De grote Hippokrates

De geneeskunde van de oudheid was al lang vóór de Grieken werkelijkheid en praktijk, en stevig gevestigd, ook na ruim 2000 jaar verworven kennis en ervaring, ook al bleef ze onderworpen aan de religie. Hippokrates (460-377 v.C.) is de vader van de moderne geneeskunde geworden. Zijn bijdrage aan de diagnostiek is bepalend geweest, meer dan zijn geneeskundige opvattingen, die gebaseerd zijn op de voorstelling van het lichaam als de plek waar de vier elementen (aarde,

De voorloper van aspirine

In 1893 ontdekt de Duitser Dreser acetylsalicylzuur, de werkzame stof van aspirine. In feite is het de synthetische variant van een stof die in de bast van wilgen zit (*salix* is Latijn voor wilg, vandaar de naam *salicylzuur*). Dit werd in de vorm van aftreksels zo'n 2000 jaar geleden al in Griekenland voorgeschreven tegen gewrichtspijnen en ontstekingen.

Behandelingen
Op een Attische vaas uit de 5e eeuw v.C. past een arts aderlating toe (zie boven). Rechts behandelt Asklepios, de Griekse god van de geneeskunde, een bedlegerige vrouw.

water, vuur en lucht) samenkomen. Hij hecht het allergrootste belang aan het bevragen van de zieke. Hij is schatplichtig aan de natuurfilosofen en een Griekse school voor de geneeskunde die teruggaat op de 6e eeuw v.C. Hij opent de weg voor de eerste secties die in de 4e eeuw v.C. voor medische doeleinden uitgevoerd worden op menselijke lijken door Herophiles en Erasistrates, nadat Aristoteles de eerste diersecties had verricht. De Grieken brengen de geneeskunde naar Rome, waar deze eerst veracht werd en aan slaven toevertrouwd. De eed van Hippokrates (4e eeuw v.C.), die studenten nog altijd afleggen bij hun beëdiging als arts, beschrijft in detail de ethische grondbeginselen van het beroep van geneesheer, met name de geheimhoudingsplicht.

De erfenis van de Romeinen

Behalve Aulus Cornelius Celsus, die onder de regering van Augustus leefde en een grote encyclopedie schreef waarin hij alle kennis van zijn tijd verzamelde, is de grote naam in de Romeinse geneeskunde Galenus (131-ca. 200), Griek van geboorte maar woonachtig in Rome, wiens invloed in de faculteiten van Europa minstens tot de 16e eeuw zal voortduren. Hij behoudt de theorie van de vier elementen zoals door Hippokrates geformuleerd, maar voegt daar de eigen theorie van de vier temperamenten aan toe (sanguïnisch, flegmatisch, cholerisch en melancholisch). Hij legt net als Hippokrates de nadruk op observatie bij het stellen van de diagnose. Door sectie op dieren doet hij enkele ontdekkingen op het gebied van het zenuwstelsel en het hart, maar zijn reputatie krijgt het zwaar te verduren vanwege meerdere onware beweringen, zoals het idee dat de lever het centrum van de bloedcirculatie is. Vanwege het verbod van de christelijke autoriteiten op vivisectie van menselijke lijken zullen zijn dwalingen lang standhouden. Vanwege het bui-

Practici
De dynamische figuur hiernaast is een Chinese sjamaan van het begin van onze jaartelling die met zijn gebaren demonen afweert. Hierboven laat een Ottomaanse arts uit de 15e eeuw buikvliesvocht wegvloeien bij een patiënt met waterzucht.

tengewone gewicht dat gehecht werd aan zijn inzichten, zal door zijn minachting voor de chirurgie deze tak van geneeskunde pas in de 16e eeuw gerehabiliteerd worden door Ambroise Paré. Na Galenus blijft de geneeskunde vooruitgaan in Europa, maar wel langzaam: in het jaar 1000 zijn het vooral de Arabische scholen voor geneeskunde, en dan met name die van Avicenna (980-1037), die hun invloed doen gelden.

En de erfenis van de Chinezen

Tot de 18e eeuw is er bijna geen uitwisseling van ideeën tussen Azië en Europa. Geen van beide continenten heeft dus kunnen profiteren van de uitvindingen en ontdekkingen die beide gedaan hebben. Was het anders geweest, dan zouden de Romeinen en hun opvolgers, de Byzantijnen, niet gedacht hebben dat de lever de bloedsomloop reguleert. Want in de 2e eeuw v.C. staat al in de *Handleiding van de lichamelijke geneeskunde* van de Gele Keizer beschreven dat het hart het bloed rondpompt.

In hetzelfde werk vinden we een notie die pas door de medische wereld van de tweede helft van de 20e eeuw herkend zal worden: die van het 24-uursritme en het maandritme die de fysiologie regelen. We weten tegenwoordig dat veel ziekten, zoals Hodgkin en zweren in de twaalfvingerige darm, onder invloed van deze ritmen gehoorzamen aan regelmatige cycli. De notie van ritmen zal ook de acupunctuur verrijken, zoals blijkt uit veel Chinese werken, zoals de *Handleiding voor de keuze van acupunctuurpunten naar maand en jaargetijde*.

Chinezen en hormonen

Al in de 11e eeuw v.C. hebben de Chinezen de grondslag gelegd voor de endocrinologie. Ze isoleerden sekshormonen uit mannelijke en vrouwelijke urine en gebruikten die in de behandeling van bepaalde ziekten. Deze hormonen worden vervolgens gesublimeerd en in de vorm van pillen geconcentreerd. Vervolgens werden ze voorgeschreven bij de behandeling van insufficiëntieziekten: steriliteit, impotentie, enzovoort. Wisten ze dat deze oestrogenen in de lever onschadelijk worden gemaakt? Nog altijd schrijven ze er heel grote doses van voor.

De ski (2500 v.C.)

De verovering van de bergen

Gewoon een stuk schors of houten plankjes onder je voeten binden om je makkelijker te kunnen voortbewegen in de sneeuw; dit idee, kinderlijk eenvoudig, staat aan de wieg van de sneeuwschoen en de ski (een woord dat in het Noors 'houten plank' betekent).

Deze pittoreske Japanse skiër, op een gravure uit 1673, lijkt moderne skiërs uit Colorado de pas af te snijden.

In het uiterste noorden van het Euraziatische continent heeft men er niet voor gekozen te glijden. Deze manier van zich verplaatsen om te gaan jagen, vissen of vechten wordt door de natuur zelf opgelegd. Maar deze beperking heeft gezorgd voor een nieuwe techniek die een stuk doelmatiger is dan bijvoorbeeld het wiel hier ooit zou kunnen zijn.

Een oude geschiedenis

Eerst waren het ongetwijfeld gewoon dierenvellen, en later werden daar houten planken op gelegd om het steunvlak te vergroten. Geleidelijk aan leerden ze uit ervaring dat langere glijlatten veel doeltreffender waren. De gegrifte rotstekeningen van Rodoy (4000 v.C.) en Tjoetta (2000 v.C.) in Noorwegen en de ski's van gefossiliseerd hout (2500 v.C.), zoals de ski's die in 1921 werden gevonden in Hoting (Zweden), geven er een mooi voorbeeld van. De voorlopers van onze skiërs dragen een lange stok, misschien wel een lans.

De eerste ski's waren lange smalle latten; de ski van Hoting bijvoorbeeld is een grenen plank van ruim 1 m lang, smal en aan voor- en achterkant spits toelopend. In Zweden, Noorwegen en Finland worden nog altijd heel oude ski's gevonden van soms wel 3 m lang. De oudste ski's van de Lappen waren ongelijk van lengte; de ene zorgde voor de aandrijving, de andere om de richting te bepalen. De ski's werden vervaardigd uit hard noten- of essenhout, en hadden een glijvlak van bont of huid.

Skistijlen van de 20e eeuw
In 1910 laat deze rustig skiënde sportvrouw (zie rechts) een totaal andere skihouding zien dan de sportman in Serres-Chevalier in 1991, die meedoet aan een wedstrijd speedskiën (zie onder).

Koning dankzij de ski

In 1520 krijgt Zweden een inval te verduren van de Denen, die Stockholm innemen. Maar het verzet organiseert zich onder aanvoering van Gustav Wasa. Tijdens een beslissende veldslag profiteert hij van versterkingen op ski's; gezegd wordt dat hij toen zelf bijna 90 km op ski's had afgelegd. Hij komt als overwinnaar uit de strijd en wordt tot koning gekroond in 1523. Met hem begint de dynastie van de Wasa's die zou duren tot 1654, wanneer Christina I van Zweden afstand doet van de troon. Onder de Wasa's was Zweden een van de machtigste landen van Europa. Met de Wasaloop, een beroemde langlaufwedstrijd, wordt die overwinning nog altijd gevierd.

De opkomst van het alpineskiën

Het transportmiddel ski van de Scandinavische landen maakt nauwelijks enige ontwikkeling door, maar dat veranderde met de opkomst van skiën als sport en vrijetijdsbesteding in de 19e eeuw. Er worden twee belangrijke problemen opgelost: de ski's goed kunnen vastmaken onder de voeten én makkelijk wenden zonder ze te verliezen! Daarop werden de parallelle slalomski's uitgevonden door een inwoner van de Noorse provincie Telemark, Sondre Norheim. De ski's zijn in het midden wat smaller en hebben een welving, waardoor sportieve hoogstandjes mogelijk zijn: snelle afdaling, springen enzovoort. Bovendien introduceert hij de telemarkhouding, een nieuwe manier van bochten nemen met gebogen knieën, die later vervangen zou worden door de christiania (de oude naam van Oslo), maar die door puristen opnieuw wordt toegepast. Norheim vindt tevens de vaste metalen skiverbindingen uit die de simpele wilgentenen riemen gaan vervangen. Hij emigreert naar de Verenigde Staten en verbreidt daar de praktijk van het skiën. Van toen af werd het mogelijk besneeuwde passen over te steken in de jacht op het goud.

In 1888 staan de kranten vol van dit huzarenstuk: de Noor Nansen steekt Groenland over op ski's. Het verslag van zijn expeditie wordt voor de hele wereld vertaald. Dankzij hem groeit in de laatste jaren van de 19e eeuw de interesse voor het alpineskiën, allereerst voor militaire doeleinden. In Briançon (Frankrijk) worden in 1903 skieenheden gelegerd. Er wordt over gedacht de skipraktijk onder de burgerbevolking te verbreiden door middel van de dienstplicht. Uiteindelijk zullen het de meer vreedzame skiërs zijn die de bergen een nieuwe levensstijl brengen: sporters en wintertoeristen.

Talloze metamorfosen

In 1930 worden metalen verstevigingen bevestigd op de uiteinden van de ski's om de slijtage van het hout tegen te gaan; bovendien krijgen ski's metalen snijkanten voor het betere bochtenwerk. De schoenverbindingen fixeren de hak op de ski, zodat ze veiliger zijn. Bovendien begint men de onderkant van de ski in te smeren met was om ze sneeuwafstotend te maken, waardoor ze beter glijden. Vanaf de jaren vijftig van de vorige eeuw wordt het vrijetijdskiën steeds populairder; de houten kern wordt omhuld met kunsthars en plastics, waardoor de ski's beter geschikt gemaakt worden voor allerlei specialismen, zoals langlaufen, afdaling, slalom en schansspringen. Soms is het hout helemaal vervangen door glasvezel. Skiërs zoeken voortaan de beste performance en het grootste plezier. Het tijdperk van het glijden is aangebroken: parabolische ski's voor buiten de piste, monoski's, sneeuwsurfen en freestyle; om maar te zwijgen van waterskiën, dat in 1927 voor de eerste keer in Cannes werd gedaan door een... Noor.

Jeu de boules (2000 v.C.)

Van wanneer dateert het jeu de boules? Sommigen zeggen van 9000 jaar voor onze jaartelling, in Klein-Azië; anderen daarentegen noemen Egypte en wijzen daarbij naar de porfieren ballen die gevonden zijn in de graftombe van een jongeman uit 5000 v.C., en vooral naar muurschilderingen van 2000 v.C. Later kwamen de Grieken, die de boule gooiden als bij kogelstoten; en de Romeinen stelden de regels op en voerden het spel in Gallië in. Men wierp toen met min of meer ronde stenen. Later, in de middeleeuwen, waren de boules van hout. Het spel werd zo hartstochtelijk gespeeld dat het nodig gereglementeerd moest worden.

Deze jeu-de-boulespeelster *uit de Gallo-Romeinse tijd laat zien dat vrouwen zo'n 2000 jaar geleden niet neerzagen op dit behendigheidsspel.*

Naar het voorbeeld van de Engelse koningen verbiedt Karel V de Wijze het spel, omdat zijn soldaten het verkiezen boven het oefenen met de wapens! In 1629 hernieuwt het parlement het verbod en in 1697 bepaalt een synode dat het de geestelijken wordt verboden. Maar Lodewijk XVI speelt het spel op de grasbanen van het park van Versailles.

We kennen de oude regels van het spel niet of nauwelijks; de huidige manier van spelen dateert uit de 19e eeuw wanneer de boules nog altijd van hout zijn, maar wel met spijkers beslagen. In de 20e eeuw worden ze van metaal. Per streek wordt het spel anders gespeeld: *à la pétanque*, waarbij de voeten naast elkaar staan, dat ontstaan is in La Ciotat in 1910; *au jeu provençal, à la boule lyonnaise* en *à la boule de fort*, zoals het in het Loiredal wordt gespeeld; of met afgeplatte ballen zoals in het Engels: *bowls*.

Opperste concentratie
De kunstenaar die deze jeu-de-boulespelers tekende, heeft hun voor dit spel benodigde behendigheid en concentratie goed weten te treffen.

De sleutel (1500 v.C.)

In Afrika en Oceanië zien we tegenwoordig nog primitieve sloten waarvan de sleutels gewone pennen zijn die een horizontaal stuk hout blokkeren dat in een gat verzonken is aan weerskanten van de deuropening. Deze grendels bestonden 4000 jaar geleden al in China. De eerste echte sleutels, van 1500 v.C., zijn in Egypte gevonden. Daar – en in dezelfde tijd in India, Japan en Noorwegen – bestond zo'n houten en soms bronzen sleutel uit een lange stift met meerdere tanden waarmee de palletjes in een slot opgelicht worden om het te openen. Dit is het Egyptische model, waarvan de grootte en het aantal pennen per sleutel verschillend zijn. Bij de Grieken gebruikten ze een stift in de vorm van een sikkel waarmee de vergrendeling in het slot verschoven werd; het slot is helemaal van metaal. Sommigen schrijven deze uitvinding toe aan de geleerde Theodorus, die in de 6e eeuw v.C. leefde. Niet lang daarna wordt dit type sleutel door de Romeinen verbeterd door middel van ingewikkelde inkepingen in de baard, dat deel van de sleutel dat voor ontgrendeling zorgt. Nog weer later, in de middeleeuwen, worden sommige sleutels getransformeerd tot bakbeesten van kunstwerken. Ze worden het symbool van de macht: de sleutels van de heilige Petrus zijn voor de poorten van het hemels koninkrijk. In de 18e eeuw blijft de ontwikkeling van het slot niet achter bij de zoektocht naar meer veiligheid; de Amerikaan Yale vindt in 1851 het veiligheidsslot uit, waarin de veerpennetjes in een gesloten ronddraaiende cilinder door de sleutel kunnen worden ontgrendeld (Lips-slot of cilinderslot).

Een compleet zelfbouwpakket
Gevonden in een door de Romeinen bezette streek van Palestina. Dit bronzen slot met bijpassende sleutel is van het begin van onze jaartelling.

Loper

Er wordt verteld dat Hendrik II, koning van Frankrijk van 1547 tot 1559, zijn slotenmaker opdracht gaf een sleutel te maken die alle deuren in het kasteel van Anet kon openen. Hij wilde dat om zich makkelijk bij zijn maîtresse, Diane de Poitiers, te kunnen vervoegen. En aldus geschiedde: de loper was uitgevonden!

De lepel (1500 v.C.)

Een apart voorwerp
Lepels werden pas in de 15e eeuw echt populair. Toch bestaat de lepel al langer, zoals blijkt uit dit Soemerische exemplaar dat gemaakt is van een schelp (2500 v.C.).

Voedsel is schaars, moeilijk te vinden en dus kostbaar. Vingers zijn misschien wel behendig, maar vloeistoffen, pap en graankorrels kun je er moeilijk mee naar de mond brengen. Dus gebruikt de mens een lege schelp, een door erosie uitgeholde steen of een grote notendop. Vervolgens maakt hij zelf een primitieve voorloper van de lepel door een steen hol te schuren of een stuk hout voorzichtig uit te branden.

De echte uitvinding wordt gedaan als deze heel eenvoudige vorm plaatsmaakt voor die met een verlengstuk dat makkelijk vast te pakken is. Waarschijnlijk gebruikten de Chinezen in 1500 v.C. als eersten lepels. Maar er zijn oudere exemplaren gevonden, in Mesopotamië en Egypte. Dit praktische gerei verspreidt zich snel, maar wordt toch niet veel gebruikt tijdens de maaltijd, waar men nog altijd liever met de vingers eet! Lepels worden van allerlei materialen gemaakt: bot, hout, steen en glas. Welgestelde Grieken en Romeinen geven de voorkeur aan bronzen, zilveren en gouden lepels met rijkversierde handgrepen. Lepels doen definitief hun intrede in de wereld van de luxe!

Aan het einde van de middeleeuwen zien we de lepel van edelmetaal weer opduiken, in de renaissance heel rijk versierde. Ze worden vaak cadeau gedaan bij het doopsel; lepels met de beeltenis van beschermheiligen zijn in Venetië en Toscane ware kunstwerkjes. Zeggen ze immers niet dat 'wie met een zilveren lepel in de mond geboren is' een echt rijkeluiskind is?

Glas (1500 v.C.)

Doorzichtig maar mysterieus

De geschiedenis van de fabricagetechnieken van glas, dat zich steeds weer weet aan te passen aan nieuwe toepassingen, is exemplarisch. Een oogopslag in de spiegel, een blik gewisseld door een ruit, een boodschap via een glasvezel: geen sieraad of parfumflesje uit de oertijd, nee, het glas van vandaag staat in het hart van de communicatie!

Kunstzinnige tafelwaren
Glas is het favoriete materiaal voor luxe objecten. Er liggen vijftien eeuwen tussen deze beschilderde Romeinse kom (2e-3e eeuw; zie links) en deze Egyptische visschaal van de 18e dynastie (zie boven).

Naar meer doorzichtigheid

De ambachtslui bewerken blokken gekleurd glas dat nog half vloeibaar is tot parels, stokjes en kleine ringetjes die ze samenvoegen tot gewilde sieraden, of ze maken kleine flesjes voor parfums en lotions. De gebruikte technieken zijn het afgietsel en de modellering rond een kern. De glasmaker gaat als volgt te werk: hij dompelt een voorgevormd zakje dat gevuld is met zand in de nog vloeibare glasmassa en haalt het eruit; als het glas koud en hard is geworden, giet hij het zand weg; zo houdt hij een holle vorm over. Ter afwerking wordt het glas nog bijgeschuurd en gepolijst. De doorzichtigheid van het glas is voornamelijk te danken aan de zuiverheid van de ingrediënten, met name van het gebruikte zand. Pas rond 1500 v.C. krijgen ze dat echt onder de knie. Fenicische kooplui verspreiden deze glazen voorwerpen over het hele Midden-Oosten en daarbuiten.

Een revolutionaire techniek: glasblazen

Parallel aan de perfectionering van de giettechnieken, met name in Alexandrië waar de glasmakers er in 300 v.C. in slagen glas te gieten in speciale mallen, dient zich een nieuwe techniek aan die door de Palestijnen en Syriërs in de 1e eeuw v.C. voor het eerst werd toegepast: het

De eerste kunststof in 1300 v.C.

De voorloper van alle kunststoffen komt uit China: lak, gewonnen uit het sap van de lakboom, *Rhus vernicifera*. Met deze bijna onverwoestbare stof worden meubels, beelden en vaatwerk bekleed. De eerste moderne kunststof dateert uit 1869.

Glas wordt verkregen door het smelten van zand (siliciumoxide) en alkalizouten bij een heel hoge oventemperatuur (1300 °C); bijgevoegde oxiden zorgen voor de kleur. Maar is glas echt op één dag uitgevonden? Glas is zeker bij toeval gevonden als een gesmolten massa onder in de smeltkroes van metaalmakers die het daarna bewust zijn gaan maken; die eerste vorm van glas werd gebruikt als glazuur, om aardewerk glans en kleur te geven. De eerste glasmakers vinden we in Egypte en daarna Mesopotamië aan het einde van het 4e millennium voor onze jaartelling.

Een legendarische en broze vertelling

Volgens de *Naturalis Historia* van de Romein Plinius de Oudere (23-79) strandde een schip op een dag niet ver van Tyrus. De zeelieden maakten een vuur op het strand en gebruikten voor de vuurplaats de blokken soda die ze vervoerden, een mineraal dat bestemd was voor het balsemen van mummies. Toen het vuur doofde, lag er op de bodem van de vuurplaats een stroperige, doorzichtige massa die ontstaan was uit de toevallige menging van zand en natriumcarbonaat van de soda: glas. Het is een mooi verhaal, maar helaas... de Feniciërs waren slechts de verspreiders van een ontdekking die van elders kwam. Bovendien kan bij de lage temperatuur van een kampvuurtje onmogelijk glas gevormd zijn.

glasblazen. Hierbij wordt met een blaaspijp een roodgloeiende stroperige glasklomp uit de oven genomen en geblazen tot de gewenste vorm. Door het snelle ronddraaien van de blaaspijp en met behulp van speciale gereedschappen kunnen allerlei vormen gemaakt worden. Vervolgens wordt het geblazen glas gescheiden van de blaaspijp en houdt men een mooie open vorm over met dunne wanden. Met glasblazen werden de mogelijkheden van glas verhonderdvoudigd.

Glas in alle toestanden

De Romeinen openden ten tijde van Nero (37-68) een eerste belangrijke glaswerkplaats in de hoofdstad en verspreidden de techniek van het glasblazen over heel het rijk. Tegen 600 n.C. maakten de glasmakers met behulp van blazen ook plat glas: eerst blazen ze een cilinder, die ze opensnijden en plat uitleggen; of ze gebruiken de middelpuntvliedende kracht door de blaaspijp snel rond te draaien en het nog vloeibare glas tot een schijf te vormen die vervolgens van de pijp afgesneden wordt. Zo wordt het zogenoemde *butzenglas* (met het litteken van de aanhechting van de blaaspijp nog in het glas) gemaakt dat kenmerkend is voor de oude ramen van Noord-Europa. Dit is tevens het begin van de traditie van glas-in-loodramen in de grote kathedralen. In de 11e eeuw wordt Venetië de glashoofdstad van Europa. Vervolgens neemt in 1675 industrieel kristalglas het stokje over van Venetiaans glas en Boheems kristal. Het glas wordt sterker door harding, dat wil zeggen door sterke verhitting in baden (1874), of door wapening (1893). Gelaagd glas (1909), dat bestaat uit meerdere dunne lagen op elkaar, gaat hand in hand met de opkomst van de auto. Het redt het leven van de Franse premier Clemenceau bij een aanslag; de kogel maakte alleen een ster in de ruit. In 1958 vindt de Engelsman Alister Pilkington *floatglas* uit, dat in een heet tinbad wordt uitgerold, waardoor heel grote glazen panelen kunnen worden gemaakt of extra dunne platen voor de optica.

Glazen kralen
In de ijzertijd was glas een kostbaar materiaal dat gebruikt werd voor sieraden, zoals deze halsketting uit de 5e eeuw v.C.

Het meesterschap van de glazenmakers
Met hun ervaring maken ze het materiaal transparanter en de vormen eleganter, zoals blijkt uit deze Romeinse fles uit de 3e eeuw (zie rechts).

De bouwkunst

Egypte, een beschaving van grote bouwers

De Egyptenaren hebben zonder hijstoestel of kennis van het wiel ware wonderen van technisch kunnen laten zien bij de bouw van hun piramiden en tempels. We hebben steeds meer kennis gekregen van hun werktuigen en werkmethoden, maar hun bouwplaatsen blijven fascineren en laten nog heel wat vragen onbeantwoord.

Het imposante tempelcomplex *dat gebouwd werd tijdens de regering van koningin Hatsjepsoet in Deir el-Bahri (15e eeuw v.C.). Boven: de piramiden van Gizeh.*

'Opdat men een onverwoestbaar monument maakt voor mij, dat zijn weerga niet kent sinds de tijd van God.' Koning Cheops, die zijn vader opvolgde, gaf op deze wijze opdracht tot de bouw van zijn piramide, zijn 'woning voor de eeuwigheid'. Priester-astronomen, architecten, werkbazen, allen die de kennis en wijsheid van Egypte belichamen, komen samen om het boek *De oprichting van tempels* onder redactie van Imhotep te raadplegen. De plek moet gekozen worden, en de oriëntatie bepaald. Zo wordt ongeveer 4600 jaar geleden de bouw van de Grote Piramide van Cheops aangekondigd, op het plateau van Gizeh.

Grote bedrijvigheid

Het terrein vlak maken, een kanaal en een haven graven, een grote weg aanleggen om de bouwplaats van materiaal te voorzien, hellingen maken om de steenblokken langs de piramide omhoog te krijgen: kortom, de voorbereiding is een heidens karwei. De hellingen zijn gemaakt van in de zon gedroogde rauwe baksteen, bestaande uit leem en stro. Tegenwoordig is dat nog altijd het basismateriaal voor de bouw van veel woonhuizen in het Nabije Oosten, omdat het een bewezen sterkte en levensduur heeft. Er zijn intacte bouwstenen uit de predynastieke tijd van zo'n 5000 jaar geleden gevonden.

Voor de ruwbouw van de piramide van Cheops is gebruikgemaakt van grote steenblokken

van zo'n 2,5 ton uit de plaatselijke groeven. De rots, die uit horizontale lagen met een dun laagje klei ertussen is opgebouwd, wordt met sleuven in blokken verdeeld van 55 tot 65 cm breedte. Daarna wordt met behulp van natte houten wiggen of een koperen hefboom de steen uit zijn kleibed gelicht.

De buitenbekleding en architecturale elementen van de piramide zijn van witte steen uit de ondergrondse groeven van Assoean, enkele honderden kilometers verwijderd van de bouwplaats, en zelfs uit groeven die niet aan de Nijl liggen. Stel je de immense zalen voor die door de steenhouwers zijn uitgekapt, verbonden door gangen die tot 50 m diep de grond in gaan. Het plafond, dat soms 10 m

De weldaden van de Nijl

De Egyptenaren hebben al heel vroeg waterwerken leren aanleggen. Ze bedwongen de Nijl en profiteerden ondanks haar grillen van haar. Ten tijde van de farao's was het klimaat vochtiger dan tegenwoordig, zodat de vallei van de Nijl heel vaak te lijden had onder hoogwater.

Het eerste werk bestond erin dijken aan te leggen om de dorpen te beschermen tegen overstromingen. Vervolgens werd er een netwerk van kanalen aangelegd om de onregelmatige waterstanden van de rivier te compenseren. Dit was een enorme onderneming, want alle oevers werden met een metselwerk van stenen bekleed, wat regelmatig onderhoud vergde. Er wordt een immens kanaal parallel aan de Nijl gegraven, het kanaal van Memphis. Dit verbindt Midden-Egypte via een omweg door de streek rond Fayoum met de Middellandse Zee. Het werd aangelegd tijdens de 1e dynastie, misschien tijdens de regering van Menes (3000 v.C.) en bestond nog ten tijde van de expeditie van Napoleon in Egypte. Het wordt gevoed door een kunstmatig meer, het Moerismeer, dat zich vult bij hoogwater en het kanaal de overige tijd van het jaar voedt. Bij het Moerismeer zijn de overblijfselen van een systeem van sluizen en keerdammen gevonden dat onder de 12e dynastie werd gerestaureerd.

Via dit kanaal konden uitgestrekte stukken land worden bevloeid, maar er kon ook in elk seizoen in twee richtingen gereisd worden zonder door wind of stroming gehinderd te worden. Het kanaal was de weg waarlangs de bouwmaterialen van de koninklijke necropolissen werden aangevoerd. De goederen werden gelost in havens en op kaden aan de voet van de piramiden.

De Egyptenaren hadden op de oevers van de Nijl een hoogwaterobservatiesysteem ingericht met behulp van Nijlmeters, ofwel putten die ondergronds in verbinding stonden met de rivier. Door bewaking van het waterpeil in de putten werd het rijzen van het water nog vóór de werkelijke verhoging gemeten en kon zodoende op tijd gereageerd worden.

Obelisken
Een onafgewerkte megaliet in zijn bed in de groeve (links) en de obelisk van Karnak (rechts).

hoog is, wordt ondersteund door stenen pilaren. De stenen worden van boven naar beneden uitgehakt uit de verticale rotsgevel. De steenhouwers vinden de grenslaag tussen de verschillende steenlagen door tegen de rotswand te tikken; ze horen wanneer ze een overgang bereiken, of voelen aan de minste trillingen dat ze nog in hetzelfde blok zitten. Vervolgens hakken ze met vuurstenen of diorieten houwelen of met koperen beitels een gleuf achter de laag en slaan het blok los uit de wand met behulp van wiggen.

Nieuwe technieken

De Nijl is de as waarlangs alle bouwplaatsen van de monumenten met elkaar verbonden zijn. Het transport van de bouwmaterialen gaat door middel van vlotten, als monument en groeve dicht bij elkaar liggen. In tegenstelling tot een oude hypothese worden de bouwblokken niet alleen bij hoogwater vervoerd wanneer het water van de Nijl tot aan de voet van de piramiden reikt. In Meidoem zijn twaalf door schrijvers opgetekende leverdata gevonden in alle perioden van het jaar, ook in het droge seizoen. Bovendien was het water buiten de vaargeul toch te ondiep voor de zwaar beladen boten. Daarom hadden de Egyptenaren kanalen gegraven naar de bouwplaatsen, zodat de boten ze het hele jaar door konden bereiken.

Sinds het 3e millennium voor onze jaartelling bouwden de Egyptenaren grote vrachtschepen die zware lasten konden vervoeren. Koning Snefroe, vader van Cheops, beschikte al over minstens twee schepen van zo'n 50 m.

De blokken worden naar de top van de piramide gesleept op sleden (vergelijkbaar met onze arren) die een last van 6 ton konden dragen. Deze sleden worden voortgeschoven op flauwe hellingen van ongebakken steen die bedekt zijn met aangestampte natte leem, zodat alles goed glijdt. Een reconstructie van deze techniek in Karnak (1934) heeft uitgewezen dat een slee met een blok van één kuub en 2 ton (dus de afmetingen van een topblok) makkelijk verplaatst kan worden door zes man! Waren de hellingen uitgevoerd in spiraalvorm naar de top toe? Of stopten ze vóór die hoogte en werden de bouwblokken verder omhoog gehesen met een systeem van touwwerk? Hier wordt nog altijd over gestreden.

***Drie arbeiders** volstaan om een slee met een bouwblok te trekken.*

Grote stenen uit één stuk: obelisken

Deze extractie- en transporttechnieken worden vervolgens toegepast op steeds grotere en zwaardere steenblokken, zoals de kolossen en vooral de obelisken. Deze monolieten, die in het 2e millennium voor onze jaartelling opduiken, worden uit granietgroeven gehakt. Aan de hand van een obelisk van 42 m en ongeveer 1150 ton, die niet verder uitgehakt is vanwege breuklijnen en zo is blijven liggen in de groeve van Assoean, hebben we de extractiemethode beter leren kennen.

Eerst worden helemaal rond de obelisk met stenen hamers gleuven gehakt die vervolgens worden uitgediept en verbreed. De onderkant wordt het laatst losgekapt door middel van elkaar opvolgende tunnels die weer dichtgegooid worden wanneer de resterende pijlers worden weggekapt. Daardoor kan het blok niet in één klap naar beneden storten. Vervolgens hoeft het blok alleen nog met hefbomen en wiggen omhooggetild te worden en naast de holte gelegd. Het wordt meteen verpakt in een houten kist die pas weggehaald wordt als de obelisk rechtop staat. Daarna wordt hij via boot en slee naar de plaats van bestemming vervoerd, zoals alle bouwmaterialen van tempels en piramiden. De techniek van het oprichten van monolieten is aan de hand van maquettes gereconstrueerd. Er wordt een schuine baan aangelegd waarlangs de obelisk naar een hoogte gebracht wordt die gelijk is aan zijn lengte. De basis van de obelisk kantelt langzaam op een bed van los zand dat een soort silo vult die de arbeiders met behulp van manden beetje bij beetje leegscheppen. De obelisk zakt zo geleidelijk naar zijn sokkel, terwijl hij steeds meer rechtop komt. Ten slotte hoeft hij alleen maar rechtgetrokken te worden op zijn sokkel. Dan staat hij op zijn sokkel, stabiel en kaarsrecht dankzij zijn eigen gewicht en een perfecte afstelling.

De *merkhet* en andere Egyptische gereedschappen

Deze merkhet *is zowel vizier als schietlood.*

Plaats en oriëntatie van de piramiden werden na religieuze en wetenschappelijke bestudering met grote precisie vastgelegd door de priester-astronomen. De Egyptenaren steunden op de waarneming van de nachtelijke hemel bij de uitlijning van de piramiden volgens de windstreken. De priester-astronomen berekenden de loop van een ster, bijvoorbeeld Sirius, met behulp van een *merkhet* en een schietlood. De *merkhet* is een houten blok met een inkeping die als vizier dienstdoet. Hiermee kunnen vanuit één punt in het horizontale platte vlak de posities van de ster bij opkomst en ondergang nauwkeurig gemeten worden. De deellijn van de hoek tussen deze twee punten geeft het noorden aan. De waarnemer houdt de *merkhet* met gestrekte arm voor zich en kijkt door de spleet naar het schietlood, dat door een tweede waarnemer wordt vastgehouden.

De Egyptenaren kenden alle basisgereedschappen die nu nog steeds gebruikt worden door onze metselaars. Dankzij het waterpas wisten de werkers de grond goed vlak te krijgen. Er is slechts 2 cm verschil in hoogte tussen de uiterste punten van de basis van de piramide van Cheops. Met waterpas, schietlood en winkelhaak controleerden ze de vorm van de bouwblokken.

Metselaars aan het werk tijdens de 18e dynastie (hieronder) en maatstokjes met gewichten voor het schietlood (rechtsonder).

Chronologisch gezien

De tijdbalk op de volgende bladzijden biedt u een chronologisch overzicht van de oudste ontdekkingen en uitvindingen. Deze ontwikkelingsvoortgang wordt in verband gebracht met feiten uit de oudste en jongste geschiedenis van de mensheid, mijlpalen op een weg vol avontuurlijke lotgevallen.

van 6 000 000 tot 2 000 000 v.C.

Tertiair
Australopitheken
Fossiel skelet van *Australopithecus afarensis*, bijgenaamd Lucy, in Ethiopië (Hadar)
Homo habilis
Periode van kouder klimaat
Einde tertiair
Begin quartair
Homo erectus
Homo ergaster
Begin paleolithicum
Eerste populaties in Afrika, daarna verspreiding van populaties over Azië en Europa

- Vervaardiging stenen werktuigen: bewerkte keien, aan één kant scherp gemaakt.
- Sporen van woonstructuren in Ethiopië (Melka Kunturé) en Tanzania (Olduvai).
- Aan twee kanten bewerkte keien in Tanzania (Olduvai).

▲ *Vuistbijl*

van 700 000 tot 100 000 v.C.

Begin van het acheulien

- De **vuistbijlen** van het acheulien verschijnen in Europa.

Einde van het acheulien
Begin van het moustérien

- Het gebruik van het **vuur** verbreidt zich over aangelegde vuurplaatsen in grotten vlak bij Peking (Choekantjen): om grote stenen in stukken te breken en spiespunten te harden.
- Resten van fossiele gepunte spiesen gevonden in Duitsland en Engeland (Clacton-on-Sea).
- Levallois-techniek voor het snijden van vuursteen.
- Stenen hamerbijlen in gebruik in Afrika, Azië en Europa.
- Aanvang van de semi-permanente kampen.
- Eerste sociale rituelen.
- Opkomst van de vervaardiging van steenscherven.

– 80 000

Homo sapiens
Neanderthaler

- Eerste sporen van graven.

▲ *Vuursteenbewerker*

▼ *Homo habilis*

75 000

• Halssnoer van schelpjes (Zuid-Afrika).

– 50 000

Bevolken van Australië

• Neanderthalgraf in Irak (Chanidar).

– 35 000

Homo sapiens sapiens
Cro-magnonmens
Einde moustérien
Begin aurignacien

• **Werktuigen krijgen een steel;** er worden lansen vervaardigd met een punt van bot en een houten steel.

• Hutten van mammoetjagers, gemaakt van botten en slagtanden van mammoet, in de Oekraïne.

– 30 000

Bevolken van Amerika

• Eerste afbeeldingen van figuratieve **kunst**: in Frankrijk (Chauvetgrot), Mexico (grotten van Poxté, Jovelté en Canchacan).

• Verbreiding venusbeeldjes in Europa: in Frankrijk (Lespugne en Brassempouy), Duitsland (Willendorf) en Italië (Savignano).

• Begrafenisriten in Italië (Grimaldi) en in Wit-Rusland (Sounguir).

– 20 000

Einde aurignacien
Begin solutrien
Bevolken van de zuidelijke Stille Oceaan

• **Olielampen**, uitgehold in steen en brandend op dierlijk vet, in Mesopotamië en Europa.

• Benen **fluit** in Baskenland (Isturiz).

– 16 000

• De eerste **naainaald** (grotten van de Dordogne), waarmee ingewikkelder kleren gemaakt kunnen worden.

◀ *Neolithisch halssnoer*

▲ *Benen fluit*

Bijl van Abbéville ▼

◀ *Venus van Willendorf*

Hut van mammoetbot en -pels ▼

– 15 000

**Einde solutrien
Begin
magdalénien**

- Beschilderde grotten in Frankrijk (Lascaux).
- Bloei van botgraveringen.

– 13 000

- Harpoen voor de visvangst in Frankrijk (Dordogne).
- Aandrijfhout, versierd met kalf en vogels in Frankrijk (Mas-d'-Azil).

– 12 000

- Vuur geslagen uit vuursteen en pyriet.
- Aanwezigheid van wilde granen in de Vruchtbare Halvemaan (Nabije Oosten).

– 11 000

- Opkomst van de keramiek met reliëfdecoratie en afdrukken van touw in Japan (Jomon).
- Visnet wordt in gebruik genomen rond de Middellandse Zee.
- Vervaardiging van eerste sieraden van gepolijste steen door de Natoef in Palestina.
- Beschilderde grotten in Spanje (Altamira).
- Domesticatie van de hond in Israël.

– 10 000

**Einde paleolithicum
Begin neolithicum
Einde magdalénien**

- **Pijl en boog** verschijnen op rotstekeningen in Spanje (Arana).
- Pijl- en spiespunten van microlieten, in Europa en het Midden-Oosten.

– 9000

Einde van de ijstijd

- Realisatie van metselwerken in Syrië (Tell Moureybet) en Palestina (Ain Mallaha).
- Domesticatie van het rund in Europa.

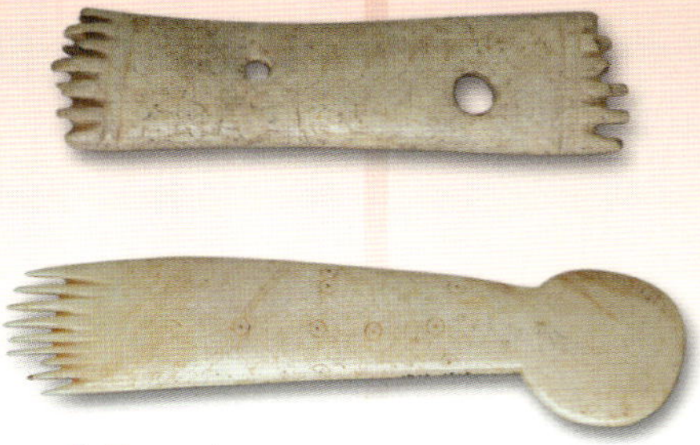

▲ Benen kammen

▲ Paard van de grot van Lascaux

Pijlpunten ►

◄ Indonesische jager die zijn boog spant

– 8000

egin van klimatologische opwarming
Aanvang van de sedentarisatie

- Opkomst van de **land-**
ouw met oppervlakte-
aaien en graanoogst in
et Midden-Oosten (gerst,
arwe), Afrika (sorghum,
ierst), Amerika (maïs) en
hina (rijst).
- **Gepolijste bijlen** wor-
len vervaardigd in Pales-
ina.
- Resten van vlechtwerk
n Spanje (Los Murciela-
jos) en Egypte.
- De eerste grenen **boot**
wordt vervaardigd in Hol-
and, en een peddel in En-
geland (Yorkshire).
- Uit bot gesneden **kam-**
men in Scandinavië.
- Domesticatie van het
schaap in Mesopotamië.

– 7500

- Opkomst van de wilde wijnstok.
- Sporen van schedelboringen, opgegraven in Frankrijk (Ensisheim, Elzas).
- Domesticatie van de geit in Mesopotamië.

– 7000

- Oogst van peulvruchten (linzen en erwten in Europa, soja in China, tomaat en aardappel in Amerika).
- Het gebruik van **aardewerk** vindt algemeen ingang in Anatolië en het Midden-Oosten.
- Verschijning van aardewerk met een decoratie van reliëfs en indrukken in de Sahara in Afrika en Mesopotamië.
- Het **asfalt** vindt toepassing in Mesopotamië vanwege zijn ondoorlatendheid voor water.
- Domesticatie van het varken in Mesopotamië.
- Eerste steden in Anatolië (Çatal Höyük) en aan de Donau (Lepenski Vir).

– 6000

Begin van de beschaving van de indusvallei
Begin van de cultuur van de Obeïden in Mesopotamië

- Gepolijste stenen hak voor de ontginning, stenen mes voor de oogst in Europa, sikkel van bot en vuursteen in Palestina.
- Bouw van de stenen tempels in Irak (El-Obeid).
- Vervaardiging van ongebakken tichels in het Nabije Oosten (Jericho).
- Koperen mes met gehard lemmet door koud hameren, Nabije Oosten.
- Het **weefgetouw** wordt ontwikkeld in het Midden-Oosten.
- Katoenplantages in India.
- Bier van diverse granen in het Midden-Oosten.

– 5000

Begin van de sedentarisatie in Mexico (Zohapilco)

- Voor de eerste keer een voorstelling van een zeilboot op een Soemerische graftombe (Eridu).
- Exploitatie van meekrap (rode kleurstof) in de vallei van de Indus.

– 4500

- Tal van megalieten (dolmen, menhirs enzovoort) in Europa.
- Ontdekking van een vishaak vlak bij de Zwarte Zee (Lepenski Vir).
- Oude **kauwgom**, gevonden in Zweden.
- Koperen naalden, Egypte.
- Exploitatie van papyrus voor touw, matten en sandalen, Egypte.

◄ Soemeriër met een strijdbijl

◄ Neolithisch aardewerk

Kom van asfalt ►

Scandinavische boot ▼

– 4000

- Eerste tempelpiramiden in Peru.
- Exploitatie van kopermijnen in het Nabije Oosten, in Iran (Tal-el-Iblis).
- Opkomst van de noria in Nabije Oosten, Afrika en Azië.
- Tuig voor ossenspan in Mesopotamië.
- Domesticatie van het paard in de Oekraïne.

– 3750

- Voorstelling van een landkaart op een kleitablet in Noord-Mesopotamië.
- Cosmetica op basis van rode oker, **kohl** en malachiet vormt de make-up van Egypte.
- Met de **trommel** wordt muziek onderdeel van het dagelijkse leven in Boven-Egypte.

– 3500

Stichting van Uruk in Mesopotamië

- Eerste proto-hiëroglyfen in Egypte.
- Eerste tijdmetingen met palissaden (Duitsland, Saksen-Anhalt) en megalieten (Stonehenge).
- Boogversieringen in baksteen in Egypte en Mesopotamië.
- Uitvinding van het houten **wiel** verandert het vervoer in Mesopotamië.
- Gebruik van koperen **spijkers** in Mesopotamië.
- De eerste koperen **zagen** staan aan de wieg van nieuwe werktuigen in Egypte.
- **Solderen**, eerst van goud en later van koper, geeft het ambacht in Mesopotamië een nieuwe prikkel.
- Het gebruik van **parfum** wordt een vast ritueel in het toilet van de vrouw.
- Teelt van zijderupsen in China.
- Eerste bijenhouderij in Egypte.

– 3200

Narmer (de legendarische Menes) wordt de eerste farao van Egypte (3100 v.C.)

- Ontwikkeling van het hiëroglyfen**schrift** in Egypte en het spijker**schrift** op kleitabletten in Mesopotamië, waarmee de telling en inventarisering van voorraad en troepen mogelijk wordt.
- **Cilinderzegel** als handtekening in Mesopotamië.
- **Wijnbouw** in Egypte en Fenicië.
- Een **fluitspeler** op een Egyptisch paneel is een bewijs van de passie van de Egyptenaren voor muziek.
- Bevroren man van het Ötztal, in 1991 gevonden in een gletsjer in Zuid-Tirol, met kleren, werktuigen en wapens.

Soemerische vorstenwagen ►

▲ *Spijkerschrift op een kleitablet*

▲ *Egyptische schrij*

◄ *Complex van Stonehenge*

Wijnbouw in Egypte ►

– 3000

Einde steentijd
Begin tijdperk van de metalen

- Kunstvoorwerpen van **brons** in Mesopotamië en de vallei van de Indus, waar de cire perduetechniek voor het eerst wordt toegepast (danseres van Mohenjo-Daro).
- De **steden** Ur, Mari en Elba ontwikkelen zich tot stadstaten, in Mesopotamië.
- De primitieve **pottenbakkersschijf**, het draaiplateau, waarschijnlijk een Mesopotamische uitvinding.
- Een houten **ploeg** op een Soemerisch zegel is het bewijs van zijn gebruik in Mesopotamië.
- Glazuurtechnieken in Egypte en Mesopotamië. Fabricage van siervoorwerpen van gekleurd glas (parels, staafjes).
- De eerste watermolens.
- **Zeep** uit gekookte alkali, eerste teken van chemie in Soemerië.
- **Spiegel, pruik** en **speld** worden gemeengoed als toiletartikel in het Nabije Oosten.
- De **harp** is bekend in Mesopotamië.
- Domesticatie van de ezel in het Nabije Oosten.

– 2700

Begin Oude Rijk in Egypte
Geboorte legendarische koning Huangdi in China
Geboorte van Gilgamesj in Mesopotamië

- **Kalender** van 12 maanden van 30 dagen, beginnend op de dag van de schemeringsopkomst van Sirius, in Egypte.
- **Imhotep**, halfgod van de geneeskunst en bouwmeester; werkt met medicijnen en bezweringen; leidt de bouw van de trappiramide van Sakkara voor farao Djoser.
- Toepassing van schietlood en winkelhaak door Egyptische metselaars.
- Toepassing snelle handpottenbakkersschijf rond de Middellandse Zee.
- Afbeelding van een **balansweegschaal** op een muurschildering in Sakkara is bewijs van zijn toepassing in Egypte.
- Henneptouw in China.

– 2600

- De **acupunctuur** wordt ontwikkeld in China.
- Koning Snefroe, stichter van de 4e dynastie en vader van Cheops, beschikt over grote Nijlvrachtboten van 50 m.

– 2500

Bloei van de stadstaten in de Indusvallei
Bloei van het Akkadische rijk
Einde van het Oude Rijk in Egypte

- Mesopotamiërs definiëren het uur door de dag in twaalf gelijke perioden van gelijke duur te verdelen en vestigen een maan- en zonnekalender van 360 dagen.
- Nog niet ontcijferd schrift van de volken van de Indusvallei, met name Mohenjo-Daro (Pakistan).
- **Schriftdrager** van papyrus in Egypte.
- Riolering van klei en aanleg van thermen in Mohenjo-Daro.
- De oudste **ski's** gevonden in een moeras bij Hoting (Zweden).

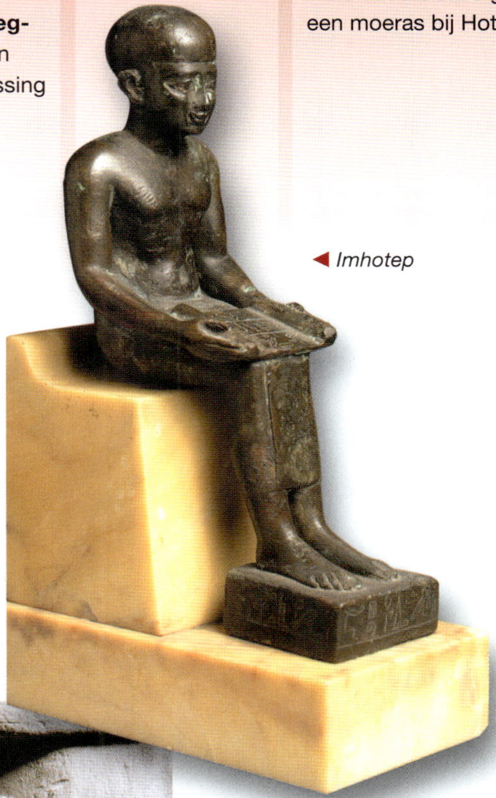

◀ *Imhotep*

◀ *Bronzen figuurtje*

▼ *Mesopotamische* ziggurat

▼ *Egyptische* merkhet *en schietlood*

– 2000

**Begin Middenrijk in Egypte
Begin Babylonische rijk
Eerste Minoïsche paleizen in Knossos (Kreta)**

- Egyptische Rhind-papyrus (Luxor) met oppervlakte- en volumeberekeningen en breuken.
- Uitvinding van het spaakwiel in Mesopotamië verbetert het vracht- en personenvervoer.
- Het eerste pedaalweefgetouw in China, wat productieverhoging betekende.
- **Jeu de boules** op een Egyptische muurschildering toont de populariteit van dit spel.

– 1800

**Bloei van het Hittietische rijk
Einde Middenrijk in Egypte
Begin Assyrische rijk
Regering van Hammoerabi (1793-1750 v.C.)**

- Spijkerschrift op kleitabletten ondersteunt de uitwisseling van goederen en diplomatieke betrekkingen tussen Egypte en Mesopotamië.
- Versnelde ontwikkeling handelsbetrekkingen tussen Nabije en Midden-Oosten met Europa en Verre Oosten vanuit centrum Oegarit.
- Eerste literaire geschrift: het *Gilgamesj-epos*.

– 1750

Begin Shang-dynastie in China

- Einde beschaving van de Indusvallei.
- Lineair A, Kretenzisch schrift dat nog steeds niet ontcijferd is.

– 1650

**Invasie van Hyksos in Egypte
Begin Nieuwe Rijk in Egypte**

- Domesticatie van de kip in India.

– 1500

Ondergang van het Babylonische rijk: inname van Babylon door de Hittieten (1595 v.C.)

- Beschrijving van zo'n honderdtal ziekten en hun geneeswijzen in de Egyptische Ebers-papyrus.
- Chinese artsen behandelen huidinfecties met een pasta van gefermenteerde soja, die penicilline bevat.
- Sluitwerk met **sleutels** wordt uitgevonden in Egypte.
- Vervaardiging van de eerste **lepels** in China en Egypte.
- Met de beheersing van blank **glas** in het Nabije Oosten kunnen steeds betere en mooiere gebruiks- en siervoorwerpen vervaardigd worden.

▼ *Egyptische papyrus*

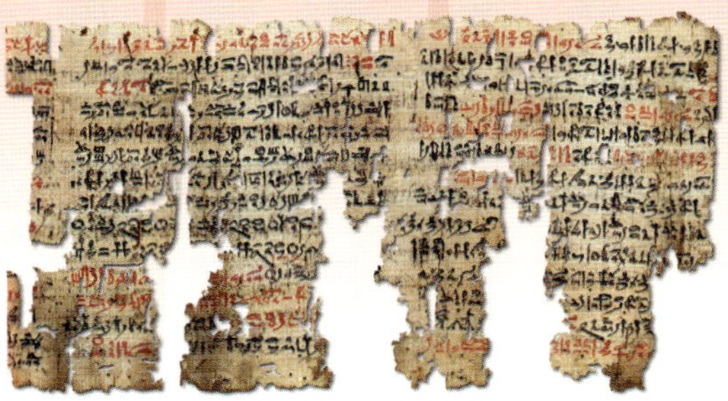

▼ *Deense zonnewagen*

◀ *Egyptische schaduwklok en zonnewijzer*

▲ *Lichte strijdwagen, een erfenis van de Hyksosnomaden*

– 1400

…nde van de Minoïsche …eschaving op Kreta en …egin van de Myceense heerschappij

…Productie van bron…en voorwerpen onder …e Shangdynastie, …hina.

• Artsen worden rijks…mbtenaar, naar ko…inklijk decreet in het …gyptische rijk.

– 1300

Verval van het Hittietische rijk na slag bij Kadesh (1285 v.C.) met Egyptenaren Exodus van Hebreeuwen

• Aanleg van een kanaal tussen de Middellandse Zee en de Rode Zee in opdracht van Ramses II.

• Verwoesting van Oegarit door een aardbeving.

• Mobilisatie van een leger van 3500 Hittietische strijdwagens tegen de Egyptenaren.

• Laktechniek voor de bekleding van meubels, beelden en vaatwerk, in China.

• Opkomst van de driehoekige harp in Egypte.

– 1200

Bloei van de Keltische beschaving Einde van het Hittietische rijk

• 'Dikbuikschepen' van de Feniciërs.

• Bloei van ijzermetallurgie in Klein-Azië.

• Uitvinding van het eerste alfabet dat bestaat uit 22 lettertekens in Oegarit, Syrië.

– 1100

Verval van de Myceense beschaving Einde van het Nieuwe Rijk in Egypte

• Verspreiding van tal van farmaceutische receptenverzamelingen met een magisch karakter, in het Assyrische rijk.

– 1000

Hoogtepunt van het Assyrische rijk en van het rijk van de Olmeken in Mexico

• De Feniciërs varen door de Straat van Gibraltar.

• Vliegeren in China.

– 800

Eerste stadstaten in Griekenland Eerste Olympische Spelen (776 v.C.)

• Overgang naar alfabetisch schrift in de Levant.

• De Assyriërs van Mesopotamië gebruiken ijzeren zagen.

Glazen kom ▼

▲ *Romeins schip*

▲ *Egyptische musici*

Steen van Rosetta ▼

Register

In dit register vindt u de namen van plaatsen en personen, maar ook algemene namen die betrekking hebben op de ontdekkingen en uitvindingen. De vetgedrukte nummers verwijzen naar artikelen over het geïndexeerde begrip, nummers met een asterisk verwijzen naar de kaderteksten over het geïndexeerde begrip en cursieve nummers naar de afbeeldingen.

Fotoverantwoording

Afkortingen: b = boven, m = midden, o = onder, l = links, r = rechts

Pagina's 6b: BRIDGEMAN-GIRAUDON/Ashmolean Museum, Oxford; 6m: G. DAGLI-ORTI/Musée Déon, Châlons-sur-Saône; 6o: BRIDGEMAN-GIRAUDON/Ashmolean Museum, Oxford; 8l: EURELIOS/L. Bret; 8m: RMN/J.-G. Berizzi/Musée des Antiquités Nationales, Saint-Germain-en-Laye; 8/9b: CORBIS/Images.com/E. Dinyer; 8/9m, 10m: RMN/J.-L. Hamon/Musée des Antiquités Nationales, Saint-Germain-en-Laye; 8/9o: RMN/J. Schormans/Musée de la Préhistoire, Les Eyzies; 9m: RMN/J. Schormans/Musée des Antiquités Nationales, Saint-Germain-en-Laye; 9r: CORBIS/P. Colombel; 10l: EURELIOS/P. Plailly/Fresque de Gilles Tosello; 10r: AKG IMAGES, Parijs/E. Lessing/Museo Egizio, Turijn; 10/11o: BRIDGEMAN-GIRAUDON/Egyptisch Museum, Caïro; 11lb: CORBIS/F. Grehan; 11r: BRIDGEMAN-GIRAUDON/Museum van Luxor, Luxor; 12lb: BRIDGEMAN-GIRAUDON/Musée de Picardie, Amiens; 12r: RMN/C. Larrieu/Het Louvre, Parijs; 12l: CORBIS/P. Saloutos; 12mo: RMN/R. Lambert/Musée Guimet, Parijs; 13l en rb: BRIDGEMAN-GIRAUDON/Egyptisch Museum, Caïro; 13ro: BRIDGEMAN-GIRAUDON/Museum of Fine Arts, Houston; 14lb: AKG IMAGES, Parijs/E. Lessing; 14mb: RMN/F. Raux/Het Louvre, Parijs; 14lo: BRIDGEMAN-GIRAUDON/Het Louvre, Parijs; 14r: RMN/F. Raux/Het Louvre, Parijs; 15l: CORBIS/E. & N. Kowall; 15m: AKG IMAGES, Parijs/Nimatallah/Nationaal Archeologisch Museum, Athene; 16lb: RMN/Chuzeville/Het Louvre, Parijs; 16lo: BRIDGEMAN-GIRAUDON; 16r: G. DAGLI-ORTI/Musée Archéologique, Le Firée; 16/17: AKG IMAGES, Parijs/E. Lessing/Mykonos Museum; 17mb: RMN/Labat/CFAO/Muée du Quai Branly, Parijs; 17rm: G. DAGLI-ORTI/Archeologisch Museum, Napels; 17lo: G. DAGLI-ORTI/Egyptisch Museum, Turijn; 18b: CORBIS/Freelance Consulting/D. & J. Heaton; 18lo: RMN/H. Lewandowski/Het Louvre, Parijs; 18mo RMN/G. Blot/Het Louvre, Parijs; 18ro: CORBIS; 19l: RMN/Het Louvre, Parijs; 19r: RMN/Chuzeville/Het Louvre, Parijs; 19br: BRIDGEMAN-GIRAUDON/Ancient Art & Archeology Collection/British Museum, Londen; 20/24: BRIDGEMAN-GIRAUDON/British Museum, Londen; 22: RMN/J.-G. Berizzi/Musée des Antiquités Nationales, Saint-Germain-en-Laye; 23l: EURELIOS/L. Bret; 23d: EURELIOS/C. Pouedras; 24b, 25b: RMN/J. Schormans/Musée des Antiquités Nationales, Saint-Germain-en-Laye; 24lo: COSMOS/SPL/John Reader; 25lm: COSMOS/SPL/John Reader; 25rm: COSMOS/P. Boulat; 24/25o: RMN/T. Ollivier/Musée Guimet, Parijs; 26g: CORBIS/L. Lefkowitz; 26/27: COSMOS/SPL/K. Kent; 27b: COSMOS/Steinmetz; 27m: RMN/F. Raux/Het Louvre, Parijs; 27lo: CORBIS/P. Johnson; 27ro: COSMOS/ANZENERGER/C. Sattlberger; 28b: AKG IMAGES, Parijs; 28b: COSMOS/SPL/H. Schneebeli; 29: CORBIS/C. Rainier; 30b: RMN/J. Schormans/Musée de la Préhistoire, Les Eyzies; 30o: AKG IMAGES, Parijs/E. Lessing; 31b: RMN/JL. Hamon/Musée des Antiquités Nationales, Saint-Germain-en-Laye; 31mb, mo en o: COSMOS/P. Boulat; 32/33b: CORBIS/P. Harholdt; 32o: COSMOS/B. & C. Alexander; 33m: RMN/F. Raux/Het Louvre, Parijs; 33o: CORBIS/P. O'Hara; 34: CORBIS/J. Blair; 35l: Ira block; 35m: EURELIOS/P. Plailly; 36l: CORBIS/P. Colombel; 36m: RMN/G. Blot/Musée des Antiquités Nationales, Saint-Germain-en-Laye; 36/37: RMN/J. Schormans/Musée des Antiquités Nationales, Saint-Germain-en-Laye; 37r: COSMOS/B. & C. Alexander; 38m: RMN/C. Larrieu/Het Louvre, Parijs; 38o: BRIDGEMAN-GIRAUDON/W. Neeb/Archeologisch Museum van Zuid-Tirol, Bolzano; 38/39b: RMN/H. Lewandowski/Het Louvre, Parijs; 39o: BRIDGEMAN-GIRAUDON/British Museum, Londen; 40l: RMN/R. Lambert/Musée Guimet, Parijs; 40/41b: CORBIS/Archivo Iconografico SA/Egyptisch Museum, Caïro; 41lb: BRIDGEMAN-GIRAUDON/Archives Charmet/Bibliothèque de l'Arsenal, Parijs; 41m: CORBIS SYGMA/M. Yassubovich; 41r: Martin Archery, Walla Walla, WA 99362; 42b: RMN/Lebee/Het Louvre, Parijs; 42b: AKG IMAGES, Parijs/W. Forman; 43lb: RMN/JL. Hamon/Musée des Antiquités Nationales, Saint-Germain-en-Laye; 43rb: CORBIS/J. Dickman; 43m: CORBIS/Asia Art & Archeology Inc; 44l: EURELIOS/P. Plailly/Fresque de Gilles Tosello; 44/45b: RMN/G. Blot/Musée Ladevèze, Le Mas-d'Azil; 45rb: EURELIOS/P. Plailly; 45lm: RMN/J. Schormans/Musée des Antiquités Nationales, Saint-Germain-en-Laye; 45rm: RMN/J.-G. Berizzi/Musée des Antiquités Nationales, Saint-Germain-en-Laye; 45r: EURELIOS/P. Plailly/Fresque de Gilles Tosello; 46b: CORBIS/G. H. H. Huey; 46: CORBIS/D. Mason; 47b: BRIDGEMAN-GIRAUDON/Ashmolean Museum, Oxford; 47m: RMN/Chuzeville/Het Louvre, Parijs; 47b: BRIDGEMAN-GIRAUDON/Musée des Tapisseries, Angers; 48lb: BRIDGEMAN-GIRAUDON/Vitlycke Museum, Tanum; 48lm: COSMOS/P. Maître; 48lo: COSMOS/B. & C. Alexander; 48/49: CORBIS/W. Kaehler; 50b: BRIDGEMAN-GIRAUDON; 50o: BRIDGEMAN-GIRAUDON/Egyptisch Museum, Caïro; 52b: BRIDGEMAN-GIRAUDON/Romeins Beschavings Museum, Rome; 52b: BRIDGEMAN-GIRAUDON/British Library, Londen; 52/53m: CORBIS/N. Wheeler; 53b: BRIDGEMAN-GIRAUDON; 53o: CORBIS SYGMA/P. Giraud; 54/55: CORBIS/L. Nelson; 54l: RMN/H. Lewandowski/Het Louvre, Parijs; 54/55b: AKG IMAGES, Parijs/E. Lessing/Museo Egizio, Turijn; 55b: BRIDGEMAN-GIRAUDON/Ashmolean Museum, Oxford; 55m: RMN/J. Schormans/Musée des Antiquités Nationales, Saint-Germain-en-Laye; 56b: BRIDGEMAN-GIRAUDON/Topham Picturepoint/British Museum, Londen; 56o: CORBIS/C. & A. Purcell; 57b: CORBIS/K. Su; 57m: CORBIS/P. Almasy; 57o: RMN/Chuzeville/Het Louvre, Parijs; 58b: BRIDGEMAN-GIRAUDON/Davies, Mrs Nina de Garis/Ashmolean Museum, Oxford; 58o: BRIDGEMAN-GIRAUDON/Archeologisch Museum, Aleppo (Syrië); 59b: RMN/H. Lewandowski/Het Louvre, Parijs; 59o: CORBIS/D. Conger; 60b: RMN/G. Blot/Musée des Antiquités Nationales, Saint-Germain-en-Laye; 60lo: RMN/R. Schirimpff/Museo de Oro, Bogota; 60ro: BRIDGEMAN-GIRAUDON/Ashmolean Museum, Oxford; 61: BRIDGEMAN-GIRAUDON; 62/63: CORBIS/H. Stadler; 62m: RMN/J.-G. Berizzi/Musée des Antiquités Nationales, Saint-Germain-en-Laye; 63lb: BRIDGEMAN-GIRAUDON/A. Meyer/Naturhistorisches Museum, Wenen; 63r: RMN/J.-L. Hamon/Musée des Antiquités Nationales, Saint-Germain-en-Laye; 63o: BRIDGEMAN-GIRAUDON/Regionaal Museum van Kosovo, Pristina; 64b: BRIDGEMAN-GIRAUDON/Museum of Fine Arts, Houston; 64o: RMN/E. Laser/Het Louvre, Parijs; 65: BRIDGEMAN-GIRAUDON; 66l: RMN/J.-G. Berizzi/Musée des Antiquités Nationales, Saint-Germain-en-Laye; 66r: RMN/R. Lambert/Musée Guimet, Parijs; 67b: BRIDGEMAN-GIRAUDON/Musée de Picardie, Amiens; 67m: CORBIS/Gallo Images/R. de la Harpe; 67o: CORBIS/K. Fleming; 68b: BRIDGEMAN-GIRAUDON/H. Sceneebeli/Koninklijke Musea voor Kunst en Geschiedenis, Brussel; 68o: RMN/H. Lewandowski/Het Louvre, Parijs; 69b: BRIDGEMAN-GIRAUDON/Birmingham Museums & Art Gallery; 69o: RMN/P. Pleyet/Musée Guimet, Parijs; 70/71b: AKG IMAGES, Parijs/E. Lessing/British Museum, Londen; 70m: CORBIS/P. Saloutos; 70o: AKG IMAGES, Parijs/W. Forman/Museo Nacional de Antopologia, Mexico; 71o: COSMOS/R. Frerck; 72l: AKG IMAGES, Parijs/Camera-Photo/Museo Civico Correr; 72rb: RMN/H. Bréjat/Musée Guimet, Parijs; 72b: COSMOS/G. Monnot; 73b: CORBIS/B. Krist; 73lm: BRIDGEMAN-GIRAUDON/Museum of Fine Arts, Houston; 73rm: CORBIS/K. Ward; 74b COSMOS/P. Maître; 74m: BRIDGEMAN-GIRAUDON; 75b RMN/J.-G. Berizzi/Musée des Antiquités Nationales, Saint-Germain-en-Laye; 75lo; BRIDGEMAN-GIRAUDON/Museo Nazionale, Rome; 75ro: RMN/H. Lewandowski/Het Louvre, Parijs; 76/77b: AKG IMAGES, Parijs/Nationalmuseet, Kopenhagen; 76m: BRIDGEMAN-GIRAUDON/Nationaal Museum, Damascus; 76o: RMN/H. Lewandowski/Het Louvre, Parijs; 77o: RMN/C. Larrieu/Het Louvre, Parijs; 78b: BRIDGEMAN-GIRAUDON/Egyptisch Museum, Caïro; 78lm: AKG IMAGES, Parijs/E. Lessing/Federseemuseum für Vorgesch, Bad Buchau; 78mm: CORBIS/Michael Maslan Historic Photographs; 78rm: CORBIS/Bettmann; 79b: CORBIS/M. Garanger; 79o: COSMOS/SPL/K. Guldbransen; 80b: AKG IMAGES, Parijs/*Modern Times*, film van Charlie Chaplin, 1936 (c) Roy Export Company Establishment; 80m: CORBIS/Alan Schein Photography; 80: CORBIS/Duomo; 81b: BRIDGEMAN-GIRAUDON/Abdij Monte Cassino, Cassino; 81m: RMN/H. Lewandowski/Het Louvre, Parijs; 81o: G. DAGLI-ORTI/Museum van San Marco, Florence/Le retable de la Sainte Trinité, Fra Angelico, 1435, detail; 82b: RMN/T. Ollivier/Musée Guimet, Parijs; 82mo: BRIDGEMAN-GIRAUDON/Ashmolean Museum, Oxford; 82/83: BRIDGEMAN-GIRAUDON/Egyptisch Museum, Caïro; 83ro: BRIDGEMAN-GIRAUDON/Het Louvre, Parijs; 84l: BRIDGEMAN-GIRAUDON; 84m: BRIDGEMAN-GIRAUDON/P. Willi/Musée des Beaux-Arts, Grenoble; 84/85o: BRIDGEMAN-GIRAUDON/Museo Archeologico, Florence; 85m: AKG IMAGES, Parjis/Museum für Ostasiatische Kunst, Keulen/Kalligrafie van Yang Lizhoui, 2001; 85r: CORBIS/M. Everton; 86rb: BRIDGEMAN-GIRAUDON/Nationaal Museum, Damascus; 86rb: BRIDGEMAN-GIRAUDON/British Museum, Londen; 86bm: G. DAGLI-ORTI/Archeologisch Museum, Heraklion; 86ro: Bookmaker; 87b: RMN/F. Raux/Het Louvre, Parijs; 87o: RMN/T. Ollivier/Musée Guimet, Parijs; 88h: BRIDGEMAN-GIRAUDON/Museo Egizio Turijn; 88m: BRIDGEMAN-GIRAUDON/Ashmolean Museum, Oxford; 88/89o: BRIDGEMAN-GIRAUDON/Musée du Grand Rabbinat, Jeruzalem; 89m: AKG IMAGES, Parijs/Visioars/Bibliothèque Nationale de France, Parijs; 89ro: CORBIS/P. Johnson; 90l: BRIDGEMAN-GIRAUDON; 90/91o: G. DAGLI-ORTI/Archeologisch Museum, Venetië; 91m: G. DAGLI-ORTI/Bibliotheek van Ajuda, Lissabon; 91r: RMN/F. Raux/Het Louvre, Parijs; 92rb: RMN/G. Blot/Musée des Antiquités Nationales, Saint-Germain-en-Laye; 92o: AKG IMAGES, Parijs/E. Lessing/Kunsthistorisches Museum, Antikensammlung, Wenen; 93b: CORBIS/C. & J. Lenars; 93m: CORBIS/D. Muench; 93o: G. DAGLI-ORTI/Egyptisch Museum, Caïro; 94b: RMN/J.-G. Berizzi/Musée du Quai Branly, Parijs/Kariborkee des Mimi, génie des roches, peinture de Midjau-Midja; 94lo: RMN/C. Jean/Musée Guimet, Parijs; 94ro: RMN/Musée des Antiquités Nationales, Saint-Germain-en-Laye; 95b: AKG IMAGES, Parijs/Nimatallah/Nationaal Archeologisch Museum, Athene; 95o: COSMOS/P. Maître; 96b: RMN/J.-G. Berizzi/Musée des Antiquités Nationales, Saint-Germain-en-Laye; 96o: BRIDGEMAN-GIRAUDON/Ashmolean Museum, Oxford; 97b: BRIDGEMAN-GIRAUDON/The Stapleton Collection; 97o: CORBIS/E. & N. Kowall; 98b: AKG IMAGES, Parijs/E. Lessing/Pergamon Museum, Berlijn; 98m: CORBIS/N. Wheeler; 99b: RMN/Département des Antiquités Orientales, Het Louvre, Parijs; 99o: SRD; 100b: ALTITUDE/Y. Arthus-Bertrand; 100o: COSMOS/ASPECT Picture Library/J. A. Langley; 101b: COSMOS/P. Maître; 101m: C. Huyghens; 101o: MNHM/Photothèque; 102/103b: CORBIS/N. Wheeler; 102m: CORBIS/N. Wheeler; 102o: CORBIS/E. & N. Kowall; 103m: EURELIOS/B. Bireau; 104: RMN/J. Galland/Het Louvre, Parijs; 104r: COSMOS/AURORA/P. Essick; 105b: BRIDGEMAN-GIRAUDON; 105o: RMN/H. Lewandowski/Het Louvre, Parijs; 106m: COSMOS/M. Henley; 107b: BRIDGEMAN-GIRAUDON/Het Louvre, Parijs; 106/107o: CORBIS/K. Houghton; 108b: RMN/H. Lewandowski/Het Louvre, Parijs; 108b: CORBIS/C. Lisle; 109b: RMN/Chuzeville/Het Louvre, Parijs; 109o: BRIDGEMAN-GIRAUDON/Charles Edwin Wilbour Fund/Brooklyn Museum of Art, New York; 110lb: BRIDGEMAN-GIRAUDON/Het Louvre, Parijs; 110rb: RMN/J. Galland/Het Louvre, Parijs; 110o: RMN/H. Lewandowski/Het Louvre, Parijs; 111: BRIDGEMAN-GIRAUDON/Nationaal Museum, Teheran; 112b: BRIDGEMAN-GIRAUDON/Ashmolean Museum, Oxford; 112m: G. DAGLI-ORTI/Musée Déon, Châlons-sur-Saône; 112o: BRIDGEMAN-GIRAUDON/Ashmolean Museum, Oxford; 113: G. DAGLI-ORTI/Villa Giulia, Rome; 114l: G. DAGLI-ORTI/Musée Archéologique, Le Pirée; 114ro: Fondation de Coubertin; 114/115m: G. DAGLI-ORTI/Nationaal Museum, Athene; 115b: BRIDGEMAN-GIRAUDON/P. Freeman; 116b: CORBIS/P. Colombel; 116/117o: BRIDGEMAN-GIRAUDON/British Museum, Londen; 117lb: CORBIS/N. Wheeler; 117rb: CORBIS/P. Colombel; 117ro: AKG IMAGES, Parijs/E. Lessing/Nationaal Museum, Beijing; 118b: RMN/J. Galland/Het Louvre, Parijs; 118m: AKG IMAGES, Parijs/E. Lessing/Het Louvre, Parijs; 118o: G. DAGLI-ORTI/Egyptisch Museum, Turijn; 119b: RMN/F. Raux-S. Hubert/Het Louvre, Parijs; 119o: RMN/G. Blot/Musée des Antiquités Nationales, Saint-Germain-en-Laye; 120b: RMN/M. Beck-Coppola/Musée des Antiquités Nationales, Saint-Germain-en-Laye; 120o: CORBIS/J. Hawkes; 121b: BRIDGEMAN-GIRAUDON/Het Louvre, Parijs; 121o: G. DAGLI-ORTI/Topkapibibliotheek, Istanbul; 122, 123l: BRIDGEMAN-GIRAUDON; 123r: BRIDGEMAN-GIRAUDON/K. Welsh; 124b: G. DAGLI-ORTI/Romeins Beschavings Museum, Rome; 124m: G. DAGLI-ORTI/Het Louvre, Parijs; 124o: RMN/J.-G. Berizzi/Het Louvre, Parijs; 125b: BRIDGEMAN-GIRAUDON/Ashmolean Museum, Oxford; 125o: BRIDGEMAN-GIRAUDON/Bibliothèque Nationale de France, Parijs; 126/127: AKG IMAGES, Parijs/E. Lessing; 126l: RMN/H. Lewandowski/Het Louvre, Parijs; 127d: G. DAGLI-ORTI/Egyptisch Museum, Caïro; 128l: CORBIS; 128o: CORBIS/J. Feingersh; 129b: BRIDGEMAN-GIRAUDON/Archives Charmet/Bibliothèque Nationale de France, Parijs; 129o: RMN/T. Ollivier/Musée Guimet, Parijs; 130lb: G. DAGLI-ORTI/Het Louvre, Parijs; 130rb: RMN/Het Louvre, Parijs; 130o: G. DAGLI-ORTI/Het Louvre, Parijs; 131: CORBIS/K. Su; 132b: BRIDGEMAN-GIRAUDON; 132o: RMN/Chuzeville/Het Louvre, Parijs; 133b: BRIDGEMAN-GIRAUDON/Roger-Viollet/Romeins Beschavings Museum, Rome; 133m: BRIDGEMAN-GIRAUDON/British Museum, Londen; 133o: RMN/Chuzeville/Het Louvre, Parijs; 134b: RMN/H. Lewandowski/Het Louvre, Parijs; 134b: G. DAGLI-ORTI/Musée Archéologique, Le Pirée; 135h: BRIDGEMAN-GIRAUDON/Archives Charmet/Bibliothèque Nationale de France, Parijs; 135o: G. DAGLI-ORTI/Musée Cernushi, Parijs; 136/137: CORBIS/B. Winsett; 136l: AKG IMAGES, Parijs; 137b: AKG IMAGES, Parijs; 137o: VANDYSTADT/Zoom; 138b: RMN/Bulloz/Musée Historique et Archéologique, Orléans; 138o: AKG IMAGES, Parijs/Universitätsbibliothek, Heidelberg; 139b: RMN/Het Louvre, Parijs; 139o: RMN/G. Blot/Het Louvre, Parijs; 140b: BRIDGEMAN-GIRAUDON/Ashmolean Museum, Oxford; 140o, 141r: RMN/H. Lewandowski/Het Louvre, Parijs; 141l: RMN/G. Blot/Musée des Antiquités Nationales, Saint-Germain-en-Laye; 142/143: AKG IMAGES, Parijs/E. Lessing; 143b: CORBIS/Freelance Consulting/D. & J. Heaton; 144lb: CORBIS/R. Wood; 144o: BRIDGEMAN-GIRAUDON/Ancient Art & Archeology Collection/British Museum, Londen; 144/145: AKG IMAGES, Parijs/E. Lessing; 145m: G. DAGLI-ORTI/Het Louvre, Parijs; 145lo: AKG IMAGES, Parijs/E. Lessing; 145lmo: AKG IMAGES, Parijs/E. Lessing; 145rmo: RMN/F. Raux/Het Louvre, Parijs; 145ro: RMN/F. Raux/Het Louvre, Parijs; 146/147: BRIDGEMAN-GIRAUDON; 148b en o: COSMOS/SPL/John Reader; 148m: EURELIOS/L. Bret; 149lb: RMN/G. Blot/Musée des Antiquités Nationales, Saint-Germain-en-Laye; 149mb: RMN/J. Schormans/Musée des Antiquités Nationales, Saint-Germain-en-Laye; 149rb: RMN/Musée des Antiquités Nationales, Saint-Germain-en-Laye; 149lo: BRIDGEMAN-GIRAUDON/A. Meyer/Naturhistorisches Museum, Wenen; 149bd: MNHM/Photothèque; 150lb: BRIDGEMAN-GIRAUDON; 150rb: BRIDGEMAN-GIRAUDON/Ashmolean Museum, Oxford; 150lo: RMN/G. Blot/Musée des Antiquités Nationales, Saint-Germain-en-Laye; 150ro: COSMOS/B. & C. Alexander; 151l: RMN/Lebee/Het Louvre, Parijs; 151hm: RMN/J.-G. Berizzi/Musée des Antiquités Nationales, Saint-Germain-en-Laye; 151rb, 152lb: RMN/H. Lewandowski/Het Louvre, Parijs; 151ro: BRIDGEMAN-GIRAUDON/Vitlycke Museum, Tanum; 152mb: BRIDGEMAN-GIRAUDON/Ashmolean Museum, Oxford; 152rb: BRIDGEMAN-GIRAUDON/Egyptisch Museum, Caïro; 152lo: CORBIS/J. Hawkes; 152ro: BRIDGEMAN-GIRAUDON; 153l: BRIDGEMAN-GIRAUDON/Het Louvre, Parijs; 153rb: RMN/H. Lewandowski/Het Louvre, Parijs; 153mo: AKG IMAGES, Parijs/E. Lessing/Pergamon Museum, Berlijn; 153ro: G. DAGLI-ORTI/Het Louvre, Parijs; 154lb: AKG IMAGES, Parijs/Nationalmuseet, Kopenhagen; 154rb: BRIDGEMAN-GIRAUDON/British Museum, Londen; 154bg: G. DAGLI-ORTI/Het Louvre, Parijs; 154ro: BRIDGEMAN-GIRAUDON/Egyptisch Museum, Caïro; 155lb: RMN/H. Lewandowski/Het Louvre, Parijs; 155rb: BRIDGEMAN-GIRAUDON/Romeins Beschavings Museum, Rome; 155lo: BRIDGEMAN-GIRAUDON; 155ro: BRIDGEMAN-GIRAUDON/British Museum, Londen.
Illustratie pagina 15: De *ziggurat* van Ur: Jean-Benoît Héron